LA
CULTURE DU TABAC

A LA
MARTINIQUE

PAR

E.-D. BLÉRALD
Instituteur et arpenteur-géomètre.

Ouvrage illustré

A L'USAGE DES PETITS PROPRIÉTAIRES
ET DES ÉCOLES RURALES

PARIS
AUGUSTIN CHALLAMEL, ÉDITEUR
Rue Jacob, 17
LIBRAIRIE MARITIME ET COLONIALE

1898

LA

CULTURE DU TABAC

A LA MARTINIQUE

LA
CULTURE DU TABAC

A LA
MARTINIQUE

PAR

É.-D. BLÉRALD

Instituteur et arpenteur-géomètre.

Ouvrage illustré

A L'USAGE DES PETITS PROPRIÉTAIRES
ET DES ÉCOLES RURALES

PARIS

Augustin CHALLAMEL, Éditeur

Rue Jacob, 17

LIBRAIRIE MARITIME ET COLONIALE

1898

DÉDIÉ

A

Monsieur SAINT-LÉGER LALUNG,

Président de la Commission coloniale.

Monsieur et cher Compatriote,

C'est à vous que ce petit livre doit de voir le jour. Je n'oublierai point en effet avec quelle insistance vous m'avez engagé à le publier. J'oublierai encore moins le désintéressement avec lequel vous avez été jusqu'à me faire l'offre de l'avance des fonds nécessaires à son impression. Enfin, au conseil général, par une plaidoirie éloquente, encore présente à la mémoire de tous, vous avez su gagner l'opinion publique à la cause de cette culture et obtenir une prime d'encouragement en sa faveur. Vous avez donc bien mérité du pays. Puisse-t-il s'en souvenir !

En son nom et au nom des tabaciculteurs je vous en remercie et vous prie de croire à ma profonde gratitude.

Monsieur le petit Propriétaire,

C'est pour vous que ce petit livre a été fait. Vous y trouverez la manière de planter et de préparer le tabac. Lisez-le donc avec attention et, sans nul doute, vous adopterez cette culture secondaire qui est celle, par excellence, du petit propriétaire.

Vous hésitez généralement à planter du cacao et du café parce qu'ils demandent plusieurs années pour être en rapport; le tabac, au contraire, veut être récolté en trois et quatre mois. Il vous serait par conséquent difficile de trouver une autre plante d'une croissance aussi rapide. Ajoutez à cet avantage si considérable sur lequel j'appelle votre attention, que cette culture est facile et peut être très rémunératrice. De plus le conseil général a voté une prime d'encouragement en sa faveur.

N'hésitez donc point ; à côté de vos autres denrées, plantez résolument du tabac et vous serez bientôt convaincu qu'il n'y a réellement pas de cultivateurs pauvres dans un pays où cette culture est permise.

EXTRAIT

DE L'ARRÊTÉ DU 19 MAI 1897

AYANT TRAIT

à la prime aux cultures secondaires

ARTICLE PREMIER

Il sera payé, dans les conditions ci-après déterminées et dans la limite des crédits votés annuellement par le conseil général, une prime aux plantations de caféier, cacaoyer, vanillier du Mexique, *tabac* et citronnier de Valence ou de Sicile. La prime sera payée au propriétaire du sol ou au locataire justifiant d'un contrat dûment enregistré, d'une durée de neuf années au moins. *Cette prime est essentiellement personnelle ; elle est incessible (1) et insaisissable (2).*

. . . .

(1) Qui ne peut pas être cédé.
(2) Qui ne peut pas être saisi.

Art. 4.

Du tabac.

Pour le tabac, la prime sera payée en une seule fois seulement, à raison de 0 fr. 02 par pied.

Le maximum est fixé à. . 20.000 *pieds.*
Le minimum — . . 1.000 —

Cette somme sera payée après écimage, c'est-à-dire lorsque les plantes auront été étêtées, et *aux plantations bien entretenues.*

Les distances minima à observer entre chaque pied sont de 0 m. 40 dans un sens et 0 m.75 dans l'autre.

Art. 5.

Des primes en général.

Toute propriété pourra être primée pour chaque espèce de culture *faite séparément sur des terrains différents*, jusqu'à concurrence des maximums fixés par les articles précédents.

. . . .

Dans tous les cas, il n'y aura que les planta-tions bien entretenues et bien venues qui seront primées.

Art. 6.

Des formalités.

Tout planteur qui voudra obtenir la prime sera tenu d'adresser à la direction de l'intérieur ou aux délégués de l'Administration chargés des expertises, lors de leur passage dans les communes, une demande, suivant le modèle imprimé qui lui sera remis à la mairie de sa commune, dans lequel il indiquera le mode de plantation qu'il doit adopter : par graines, jeunes plants ayant au plus un an, par boutures de caféier, etc. . . . .
. . . .

Art. 7.

Les experts chargés de constater l'état des plantations feront deux tournées au moins par an dans chacun des arrondissements. La date de leur passage dans chacune des communes de l'arrondissement sera fixée par le Directeur de l'intérieur et portée à la connaissance des intéressés par voie d'affiche et de publication.

Art. 8.

Immédiatement après la visite de chaque plantation, les experts remettront au propriétaire ou à son représentant un bulletin détaché d'un carnet à souches et sur lequel ils mentionneront :

1º Les nom et prénoms du propriétaire ou locataire;

2º La désignation et la superficie de la pièce visi-
tée ;

3º La date de la visite ;

4º La nature des plantations ;

5º Le nombre de plants déclaré ;

6º Le nombre de plants donnant droit à la prime ;

7º Le montant de la prime ;

8º Les conseils et observations qu'ils auraient à
adresser au propriétaire pour assurer la bonne venue
et le bon entretien de ses plantations.

. . . .

Art. 9.

Des déchéances.

Tout planteur qui, pour toute autre cause que celle
de force majeure, aura présenté, lors de la vérifica-
tion pour la 2ᵉ moitié, un déficit de plus de 25 0/0,
sera déchu de tout droit à la prime pour de nouvelles plantations.

*Celui qui aura fait de fausses déclarations en-
courra la même déchéance.*

Art. 10.

Des propriétés contiguës.

Toutes propriétés contiguës, appartenant au même propriétaire, seront considérées comme une seule et même exploitation.

La distinction ne pourra être établie que par titre ayant date certaine avant la promulgation du présent arrêté.

LA CULTURE DU TABAC

A LA MARTINIQUE

Chapitre I.

1. Aperçu historique. — 2. Lutte contre l'abus du tabac. — 3. Etablissement de la régie en France. — Les avantages qu'il y aura à adopter la culture du tabac.

I. — Aperçu historique. — Avant la découverte de l'Amérique, le tabac était absolument inconnu des Européens. Les premiers, les Espagnols en trouvèrent de vastes champs aux environs de *Tabasco* dans le Yucatan, dit le père Labat; d'autres auteurs soutiennent au contraire que la plante est originaire de l'île de Tabago, l'une des petites Antilles, d'où le nom de tabac. Cette étymologie a été contestée, on assure plutôt que ce mot vient de *tabaccos*, terme dont se servaient les Cubains pour désigner le cigare. De Las Cazas, dans son histoire générale des Indes, rapporte en effet que les marins de Christophe Colomb virent les naturels du pays qui tenaient un petit tison en ignition et en aspiraient la fumée. « Ce tison, dit-il, était une espèce de mousqueton bourré d'une feuille sèche, que les Indiens appellent *tabaccos*, et qu'ils allument par un bout, tandis qu'ils hument par l'autre extrémité, en aspirant entièrement sa fumée avec leur haleine. » D'autres auteurs, notamment Mérart et Deleus, prétendent que le tabac a été découvert dans la Floride où il était désigné sous le nom de *pétun*. De bonne heure, on le cultiva en Chine et dans l'Inde de sorte qu'on croyait qu'il était originaire de l'Asie, mais malgré l'incertitude du lieu de sa découverte, il est bien prouvé aujourd'hui que l'Amérique est sa véritable patrie.

Ce sont les Espagnols qui l'importèrent en Espagne et Jean Nicot qui l'introduisit à Paris vers 1560, d'où les dénominations de *nicotine* et de *nicotiane*. Il pénétra successivement en Angleterre, en Ecosse, en Irlande et dans tous les autres pays du monde. Aujourd'hui il est universellement connu. Au début, en France surtout, il jouit des plus grandes faveurs ; on lui attribua toutes les vertus et particulièrement celles de guérir la migraine, les rhumatismes, l'hydropisie, etc., etc. (1). On le désigna sous les noms d'herbe à la reine, d'herbe à l'ambassadeur, et après avoir été l'objet d'un engouement extraordinaire, tomba en défaveur.

2. — **Lutte contre l'abus du tabac.** — C'est de l'Angleterre que partit le signal de la guerre

____

(1) Voyez les œuvres du Père Labat.

contre le tabac. Jacques Ier commença le feu par son écrit intitulé : *Haine à la fumée !* Partout son exemple est suivi. En Perse, les fumeurs ont les lèvres et le nez coupés ; Henri VII les fait fouetter ; le pape Urbain publie une bulle d'excommunication contre ceux qui prennent du tabac dans les églises et excommunia même plusieurs prêtres priseurs ; en France sous Louis XIII un édit « défend de vendre cette drogue à tout autre qu'aux apothicaires sous peine d'amende ».

Comme on le voit, ce n'est pas d'aujourd'hui que date la lutte contre l'abus du tabac qui, après cette période de persécution, rentre en faveur à partir du xviie siècle. Sous Louis XIV tout le monde fume et prise ; plus tard nous voyons le grand Napoléon lui-même faire usage du tabac en poudre et plusieurs de ses généraux observer les mouvements de l'ennemi en fumant.

3. — Etablissement de la régie en France. — Richelieu (ministre de Louis XIII) frappa le tabac d'un impôt élevé ; Colbert (ministre de Louis XIV) en réserva la fabrication à l'Etat ; la Révolution en proclama la liberté, et, sous l'empire, un décret en date du 29 décembre 1810 établit la régie, monopole de l'État, qui fournit aujourd'hui à peu près le septième du budget métropolitain. Il n'est guère d'institution plus vexatoire. On se demande comment on peut la souffrir en France où l'amour de la liberté est si grand. Le propriétaire ne peut ni semer, ni planter le tabac que dans les départements autorisés et après en avoir obtenu l'autorisation écrite. Il ne lui est permis de planter ni plus de terre ni plus de pieds que porte son écrit ; il lui est prescrit jusqu'au nombre de feuilles par pied. S'il n'observe pas rigoureusement toutes ces prescriptions, il est frappé des peines les plus sévères. Plante-t-il sans autorisation, ses plantations sont détruites à ses frais et il est condamné à une amende de 0 fr. 50 à 1 fr. 50 par pied selon que la culture a été entreprise dans un terrain ouvert ou dans un terrain clôturé. On le voit, il n'est pas possible de trouver un régime plus rigoureux et il y a là de quoi désarmer les adversaires de notre régie de spiritueux.

4. — **Les avantages qu'il y aura à adopter la culture du tabac.** — La France produit du tabac ordinaire jouant un rôle secondaire dans la fabrication des cigares, des scaferlatis et de la poudre. On est obligé de le mélanger avec du tabac fin venant de l'étranger pour en améliorer le goût. C'est ainsi que la quantité de tabacs exotiques achetés en 1892 a été de :

15.435.131 kilogrammes et celle des tabacs indigènes (France et Algérie) de 22.727.785 kilog. pour 19.654.303 francs.

Ces chiffres renferment un enseignement précieux pour notre pays, car à part l'Algérie, les *Colonies françaises ne fournissent absolument rien de cette grande quantité de tabacs étrangers*. Au contraire, les États-Unis, le Mexique, la Colombie, le Brésil, Cuba, Porto-Rico en fournissent la majeure partie. Cependant nous sommes placés à peu près dans les mêmes conditions climatériques que ces dernières îles et notre pays assurément ne le leur cède en rien sous le rapport de la fertilité. *Nous pourrions donc nous aussi produire les tabacs recherchés par les manufactures françaises et ainsi créer un commerce nouveau avec la France qui, certes, aimerait mieux faire vivre ses propres enfants que des étrangers.* L'exemple de l'Algérie est à suivre. En 1844, on y comptait trois planteurs : 10 ans après ils étaient déjà 2500 ; en 1892 la production a été de 2.161.302 kilog. ; aujourd'hui on compte plusieurs grandes manufactures algériennes très importantes.

Le moment est même propice pour essayer d'adopter la nouvelle culture : Cuba est en guerre, ses fabriques détruites ne se relèveront pas de longtemps ; la canne à sucre ne laisse plus de bénéfice aux petits propriétaires fournisseurs de l'usine. Ils peuvent donc s'y livrer sans crainte ; elle leur laissera toujours plus de bénéfice que les légumes du pays ou la canne à sucre. Cette dernière plante, entre autres, exige dix-huit longs mois et diverses façons coûteuses, tandis que, dans le même laps de temps, on fera trois récoltes de tabac d'écoulement facile et rémunérateur sans passer par l'intermédiaire de l'usine. Si le produit peut être tel que le réclame la métropole, on sera sûr de le lui vendre à un prix convenable; au cas contraire, on l'écoulera sur le marché même de Saint-Pierre; au besoin on fera comme les autres pays producteurs, on l'exportera à l'étranger.

RÉSUMÉ

1. — Le *tabac* est originaire de l'Amérique, mais on ne sait pas au juste où il a été découvert.

Importé en Europe par les Espagnols, il a été introduit en France par JEAN NICOT vers 1550, d'où les noms de *nicotine* et de *nicotiane*. On lui attribuait la propriété de guérir tous les maux.

2. — Depuis Jacques Ier d'Angleterre, on lutte contre l'abus du tabac. Presque tous les pays édictèrent des mesures sévères contre les fumeurs, sans pouvoir les empêcher de fumer. De nos jours l'initiative privée continue la lutte sans succès.

3. — Tous les ans la *France* achète à l'étranger 15 millions et demi de kilogr. de tabacs. Ses fournisseurs sont la plupart des pays placés à peu près dans les mêmes conditions que le nôtre. Il ne nous sera donc pas impossible de contribuer à la fourniture annuelle faite à la France; nos petits propriétaires y auraient un intérêt évident.

Chapitre II

1. — Variétés de tabacs. — Il en existe un très grand nombre ; en pratique on distingue *les tabacs à fleurs rougeâtres* et les *tabacs à fleurs jaunâtres*. A la 1re classe semblent appartenir nos diverses espèces. Tout le monde ici connaît ces tabacs à grosses côtes à feuilles pendantes, longues et larges, à épiderme lisse au toucher qu'on rencontre partout sur nos murs en ruines. Ce sont les mêmes qui nous arrivent de l'étranger généralement en boucauts.

La 2e classe comprend des sujets à feuilles arrondies légèrement cordiformes. On y remarque la variété dite tabac rustique qui peut se semer en pleine terre. On aurait donc intérêt à l'introduire ici ; il est, paraît-il, assez répandu au Brésil.

2. — De la culture. — Le tabac à l'état sauvage pousse très bien partout dans le pays ; il ne faudrait pas en conclure que sa culture ne demande aucun travail. Elle exige au contraire des soins minutieux. Pour qu'elle soit très rémunératrice, autant que possible, on devra y employer les femmes, les enfants et ne pas oublier qu'elle ne peut guère être entreprise sur une aussi vaste échelle que la canne, par exemple.

Dans une terre profonde, riche en engrais, la plante pousse avec vigueur ; les sols argilo-calcaires (terres fortes) lui conviennent mieux que tout autre. Aux Etats-Unis, elle est cultivée sans fumier dans les forêts nouvellement défrichées, riches en humus, ou sur les bords des rivières dans les terres formées des dépôts des eaux fluviales. Les lieux élevés ne lui conviennent guère à cause du vent et de la sécheresse, elle se plaît, au contraire, dans les vallées fraîches. « A la Havane, les qualités les plus fines sont récoltées dans la Vallée-Basse (Vuelta Abajo) et, à Porto-Rico, un examen géologique a constaté que là où croissent les tabacs les plus légers le sous-sol est légèrement humide. » Dans les fertiles vallées de nos principales rivières ne se trouve-t-il pas des terres remplissant ces conditions ?

L'exposition non plus n'est pas chose indifférente, les plaines non sujettes aux inondations et légèrement inclinées vers l'est ou vers le sud sont généralement les meilleures. Au cas où le terrain est trop exposé aux vents, on l'en protège par des abris en palissades faites de bambous et de paille, en lisières de haricots, en haies vives ou même en mur selon les ressources de chacun.

3. — De la qualité. — Elle dépend uniquement du terroir, de l'engrais employé, de l'espèce cultivée et du climat. Un tabac de qualité est lisse au toucher, a des nervures fines, le pétiole ne présente après dessiccation qu'un diamètre de 3 à 4 millimètres et même moins ; de plus en brûlant il dégage une odeur agréable et est parfaitement combustible. « La condition essentielle d'une bonne combustibilité est que le tabac roulé en cigare conserve le feu, c'est-à-dire ne s'éteigne pas entre deux aspirations raisonnablement espacées ; par contre le tabac est dit incombustible quand, roulé en cigare, il charbonne et s'éteint si le fumeur ne précipite pas ses aspirations » (Schlœsing). La plus ou moins grande combustibilité du tabac dépend du sol et de l'engrais employé (1).

(1) On peut rendre parfaitement combustible un tabac naturellement incombustible, en lui incorporant intimement un sel organique à base de potasse, en quantité telle que les cendres du tabac, ainsi traité, renferment du carbonate de potasse.

Les solutions salines qui peuvent être employées sont les oxalates, tartrates et citrates de potasse; on plonge les feuilles du tabac, préalablement développées, dans un vase plein

4. — De la quantité. — Elle peut être presque toujours obtenue, car elle dépend surtout du nombre de pieds plantés par hectare et du nombre de feuilles laissées par pied. En France, le planteur ne peut que suivre rigoureusement les prescriptions de la régie; mais ici, comme il est libre, il doit essayer par tous les moyens d'augmenter le rendement de son champ.

Il est évident que, quand c'est possible, il ne doit pas hésiter à sacrifier la quantité à la qualité. Le tabac fin, en effet, se vend fort cher en feuilles simplement séchées, la France le paye près *de 600 fr. les 100 kilogr.*

5. — De la fumure. — Il importe tout d'abord de ne pas confondre les *stimulants* et les *engrais*. Les premiers sont des substances qui ont la propriété d'activer la végétation et d'exciter les plantes à puiser plus de nourriture dans la terre et dans l'air. Les engrais, au contraire, ont pour but de fournir les éléments nécessaires à la végétation.

d'une dissolution de l'un de ces sels, on les y laisse pendant quelques secondes, puis on les abandonne pendant vingt-quatre heures dans une boite revêtue d'étain où l'évaporation est impossible; le liquide pénètre dans l'intérieur et après une dessiccation de quelques heures à l'air libre, les feuilles ainsi traitées reprennent leur aspect primitif et de plus sont combustibles.

(*Le Tabac*, ouvrage de M. Albert Larbalétrier, professeur de chimie agricole et industrielle à l'Ecole d'Agriculture du Pas-de-Calais et à l'Association Philotechnique, professeur d'agriculture au collège de Saint-Pol, etc. etc.).

Le tabac est une des plantes les plus sensibles à l'influence de l'engrais employé, tant au point de vue de la qualité que de la quantité. Un savant botaniste a résumé ainsi cette importante question des engrais : « Si dans la culture du tabac, notre but est de gagner des plantes vigoureuses et des feuilles très larges, nous pouvons lui donner de l'engrais animal de tous genres ; mais, lorsqu'il s'agit d'obtenir un tabac de bonne qualité, on ne peut accorder trop d'attention aux engrais. »

On emploie avec succès le *guano* mélangé à de la terre ou de la paille, à la dose de 6 à 10 grammes ; cette matière était assez rare, mais on vient d'en découvrir un gisement considérable dans les Antilles, à Porto-Rico ; la *colombine*, qui est la fiente des volailles et autres oiseaux de basse-cour, s'emploie comme le guano. Le fumier de parc, le meilleur et le plus employé de toutes les matières fertilisantes, convient à toutes les terres ; ce sont les déjections des animaux et leur litière mélangées et bien décomposées. On l'emploie à la dose de 40 mètres cubes environ par carré (1 hect. 1/3) après qu'il a fermenté et qu'il est réduit en une masse noire, grasse, huileuse. De tous les fumiers de parc, celui du cochon occupe le premier rang et donne au tabac, prétend-on, un goût fort agréable.

On ne doit pas oublier la chaux qui augmente

le rendement et rend le tabac aromatique, ni non plus la potasse qui, d'après le savant agronome Schlœsing, est l'élément essentiel d'une bonne combustibilité. L'analyse des meilleurs tabacs a d'ailleurs fait ressortir nettement quels sont les engrais à employer de préférence. Boussingault a constaté qu'une récolte de 1000 kgr. de feuilles puise dans le sol à peu près :

 45,71 kilogrammes d'azote
  7,53   —   d'acide phosphorique
 23,73   —   de potasse

que les tiges et les racines contiennent :

 97,42 kilogrammes d'azote
 37,58   —   d'acide phosphorique
116,47   —   de potasse

1000 kilogrammes de tabac enlèvent donc au sol :

143   kilogrammes d'azote
 43,44   —   d'acide phosphorique
114,84   —   de potasse.

En fait d'engrais chimiques, ceux qui sont riches en potasse, en azote, en chaux, en phosphates sont donc les meilleurs. Ils améliorent le produit et font augmenter beaucoup le rendement. On ne saurait cependant agir avec trop de prudence dans leur emploi par rapport à la nature du sol. Employés sans précaution, surtout pendant la sécheresse, ils brûlent absolument les trop jeunes plants.

Les cendres de nos foyers aussi peuvent être avantageusement utilisées. Quant aux tiges et aux racines de tabac, on le comprend, elles ne doivent pas être abandonnées en pure perte, comme le font d'ordinaire les planteurs. Au contraire, réduites en composts, après chaque récolte, elles doivent, dans une culture intelligente, faire retour à la terre qui les a produites. « On répand sur le sol une couche de tiges, qu'on saupoudre de chaux, puis une couche semblable de tiges saupoudrées de la même matière et ainsi de suite. Lorsque le tas est bien monté on l'arrose abondamment et on le recouvre de 27 centimètres de terre. On comprend que cette masse entre vite en fermentation : le tissu organique se détruit et se convertit bientôt en un terreau excellent (Joubert). Cet engrais est des meilleurs, de plus il a l'avantage de réduire considérablement la dépense.

6. — Engrais à utiliser. — Comptons d'abord les excréments de l'homme appelés aussi engrais humain à l'état frais, poudrette à l'état sec pulvérisé. On a le tort ici de le dédaigner, et même d'aller jusqu'à lancer les épithètes les plus malsonnantes à ceux qui en conseillent l'emploi. Cela tient à des causes multiples :

1° A l'état de malpropreté repoussante dans lequel se trouvent les abords des fosses d'aisances ;

2º A ce qu'on ignore comment se désinfecte cet engrais ;

3º A ce qu'on ne connaît pas ses qualités fertilisantes.

Ordinairement la fosse d'aisances consiste en un simple trou que des herbes grasses ou autres ne tardent pas à envahir ; arrive la saison des pluies, ce trou devient infect et absolument inabordable. Il vaudrait mieux construire une fosse en maçonnerie ou même enterrer une barrique ouverte qu'on recouvrirait d'une légère toiture.

Pour empêcher l'exhalaison de la mauvaise odeur, principale cause de l'abandon de cet engrais, il suffirait de jeter une pelletée de sable, de poussière ou de chaux sur chaque couche de matière. On pourrait avantageusement user à cet effet des produits chimiques ; citons le sulfate de fer qui ne coûte pas cher, le chlorure de chaux et le sulfate de zinc (1).

L'engrais humain fait pousser activement le

(1) Pour être vidée, la fosse d'aisances doit être préalablement désinfectée au moyen du sulfate de zinc. Un kilogr. de sulfate de zinc dissous dans environ 10 litres d'eau suffit pour une fosse ordinaire. On fait pénétrer le désinfectant dans la masse en agitant avec un bâton : au bout de trois ou quatre heures les gaz ont été transformés en matières fixes, la fosse peut être vidée.

Dans l'état ordinaire, l'engrais humain peut être distribué sur le sol sous forme de liquide ; s'il est sec et pulvérisé, mélangé à de la terre il porte le nom de poudrette. La poudrette contient depuis 15 jusqu'à 30 p. 0/0 d'azote. (*Travaux des champs* par Victor Fournier, Alcide Picard et Kaan.)

tabac ; on recommande de ne l'employer qu'en terres riches. Ses principes nutritifs sont immédiatement assimilables, de sorte que son action ne se prolonge guère au delà d'une année ; mais il est de beaucoup supérieur au fumier de porc.

Les immondices des rues sont également perdues partout dans le pays, généralement on les jette à la mer ou dans un endroit retiré. C'est un engrais très riche en matières de toutes sortes, aussi convient-il à tous les terrains ; il se montre surtout efficace dans les sols sablonneux.

7. — Soins à donner au fumier. — On a le tort de croire dans nos campagnes qu'il est préférable de laisser les matières fertilisantes exposées aux intempéries pour en accélérer la décomposition, c'est une mauvaise pratique contre laquelle on ne saurait trop s'élever. En effet, la pluie les lave, en dissout et en entraîne certains principes utiles et la chaleur du soleil en fait évaporer certains autres. Il faudrait donc abriter la fosse à fumier. Quelques bambous et quelques paquets de paille suffiraient ; ils ne coûteraient rien sinon un peu de peine dont on serait amplement dédommagé par une récolte meilleure et plus abondante. Il convient aussi de recueillir le liquide appelé purin qui découle du tas ou de l'écurie : on creuse en pente une rigole qui le déverse dans un puits, économiquement dans

une barrique enfoncée en terre, et on en arrose
le tas de fumier de temps en temps.

8. — Préparation du terrain. — La préparation du terrain commence le plus tôt possible
et au plus tard à l'époque de l'établissement des
semis. Dans une culture importante, on emploie
la charrue pour les différents labours ; on con-
seille de pratiquer en croix cinq labours suivis
d'autant de hersages et de roulages.

Ici, où le sol est si fertile, il nous semble que
deux labours, tout au plus trois, un ou deux
hersages et un roulage suffiraient amplement.
Nous aimerions mieux voir labourer à plat qu'en
croix. On laboure à plat lorsque la charrue jette
toujours la terre d'un même côté et remplit successivement chaque raie en traçant la raie sui-
vante, en sorte que le travail achevé la terre présente une surface unie.

Quand le terrain n'est pas trop vaste, le procédé ordinaire consiste à pratiquer d'abord un
sarclage ; les mauvaises herbes, secouées, mises
en tas, séchées, sont brûlées sur place ; les cendres mélangées à l'engrais sont distribuées dans
des trous creusés à la distance fixée. Dans ces
trous, qu'on achève de remplir avec la terre en
provenant, on place les pieds de tabac. Le travail se pratique exclusivement à la houe.

Ce procédé si routinier qu'il puisse paraître
donne d'excellents résultats.

Nous préconisons d'abord un coutelassage des mauvaises herbes (un sarclage vaudrait bien mieux), puis, un premier labour dont on profite pour enfouir la cendre des herbes brûlées, de la paille de canne, de la litière qui forment la 1re partie de la fumure en se décomposant lentement dans le sol. On pratique un second labour quelques semaines après, puis quelques jours avant le repiquage un troisième en enfouissant alors du fumier de parc bien décomposé. Si l'on ne doit donner que deux labours, il est évident que la dernière fumure se fait au deuxième ; mais, dans une culture étendue, on ne pourrait pas distribuer le fumier au pied de chaque plante, ce serait trop long et coûteux ; on n'agira de la sorte que si l'on emploie de l'engrais chimique, pour ne pas dépasser la dose moyenne et parce qu'aussi c'est une matière qui coûte cher. Avant de repiquer, on herse une, deux ou même trois fois, selon la nature de la terre, car autant que possible les mottes doivent être bien émiettées et l'on passe enfin un coup de rouleau. Cette dernière opération n'est pas inutile ; elle achève de briser les dernières petites mottes échappées à l'action de la herse et empêche le dessèchement du sol en le tassant.

Au lieu de préparer spécialement la terre, on peut planter au pied même des choux caraïbes ou entre les rangées des fosses d'ignames. Le tabac profite de la fumure abondante généralement

faite pour ces légumes et se développe d'une façon étonnante à l'ombre sans qu'on ait besoin
d'aucun abri. Il va sans dire qu'on repique avant
que les feuilles de choux ou les touffes d'ignames
ne couvrent absolument la terre.

9. — De la pépinière. — Là pépinière est un
terrain sur lequel on fait pousser les jeunes
plants destinés à être transplantés. Elle doit être
établie de préférence tout près de la maison afin
qu'on puisse y apporter le matin de bonne heure
les mille petits soins indispensables à la belle
venue des plants. On commence par clôturer
pour éviter les dégâts des animaux domestiques,
des poules en particulier. On laboure à la houe
ou à la bêche, après avoir brûlé sur le sol les
mauvaises herbes ; on laisse toute la masse s'aé-
rer en la bouleversant le plus souvent possible,
puis on y mélange de l'engrais bien décomposé,
on ratisse soigneusement et l'on sème. La terre
doit être alors bien fine, débarrassée des pierres
même les plus petites et coupée en plates-bandes
d'environ 0ᵐ80 de largeur.

10. — Semis. — On peut semer ici presque
en tout temps sur un terrain fraîchement remué
et autant que possible après une petite pluie ;
mais l'époque la plus favorable est septembre,
octobre et surtout novembre. La graine est mê-
lée à environ 10 fois son volume de cendre qui

par sa couleur blanchâtre permet de la répandre plus régulièrement. Le semis fait, on recouvre au moyen d'un tamis d'une légère couche de bonne terre bien fine puis on plombe légèrement avec le dos de la bêche ou un morceau de planche. Cette dernière opération ne doit pas être négligée, elle facilite beaucoup la naissance des plants. Huit à dix jours après, les jeunes pousses se montrent, à moins que les graines soient de mauvaise qualité.

Pour évaluer l'étendue à ensemencer, connaissant le nombre de pieds à l'hectare, on se base sur ce qu'un mètre carré de bonnes graines peut fournir 500 plants. Prenons un exemple :

Soit 62.000 pieds à planter. On ensemencera :

$$\frac{1^{m^2} \times 62.000}{500} = 124 \text{ mètres carrés.}$$

Mettons 130^{m^2} pour éviter tout mécompte, c'est-à-dire 13 mètres sur 10 mètres.

11. — Des soins d'entretien en pépinière. — Ils se bornent à arracher les mauvaises herbes, à pratiquer des arrosages et à butter les jeunes plants avec du terreau. Ce n'est qu'après la germination qu'on commence les arrosages avec un arrosoir à trous très fins, tenu à une faible hauteur, le matin de bonne heure avant le lever, et, s'il le faut, le soir après le coucher du soleil. Les abris mobiles, enlevés la veille à la tombée du jour, sont ensuite remis à leur place immédiatement ; on évite ainsi l'évaporation trop rapide et le durcissement de la couche arable qu'il convient de maintenir dans un constant état de moiteur. Ces abris seront disposés à 20 ou 30 centimètres au-dessus du sol.

Aussitôt qu'on le juge nécessaire, on sarcle les mauvaises herbes à la main, avec la pointe d'un couteau. Ce travail est fait aux premières heures du jour en prenant des précautions pour ne pas déraciner les jeunes plants. Si l'on ne veut pas obtenir des plants trop grêles, délicats, exposés à périr après la transplantation, on doit éclaircir en arrachant des plants en quantité suffisante, car « *tout plant trop serré manque d'air et pousse mal.* » Doit-on laisser perdre les plants arrachés ? A notre avis, non, surtout s'ils sont assez forts. Nous les avons toujours repiqués avec soin sur des plates-bandes préparées à l'avance et ils nous ont souvent donné des sujets très vigoureux.

On doit éclaircir après chaque sarclage et rechausser avec soin, les beaux plants ne sauraient être obtenus sans cette condition. On emploie à cet effet du bon terreau bien sec, purgé de pierres, additionné au besoin de matières fertilisantes ou de stimulants, répandu ou à la main ou au tamis ; un panier à claire-voie peut en tenir lieu. Autant que possible on fait tomber ce qui reste sur les feuilles et on arrose. Cette opération est d'une importance capitale, elle ne doit pas être négligée, nous y appelons toute l'attention du planteur, le succès de la récolte en dépend en grande partie.

Au moment du repiquage, les plants doivent mesurer 10 à 12 centimètres de hauteur et avoir 5 à 6 feuilles. Le cultivateur peut facilement régler leur végétation. La préparation des terres est-elle achevée, il arrose plus abondamment avec addition de matières fertilisantes en mettant soigneusement les abris. Au contraire, veut-il retarder la venue des plants pour avoir le temps d'achever la préparation des terres, il n'arrose pas ou presque pas et enlève les abris sauf s'il pleut.

Les jeunes plants en pépinière sont toujours attaqués par des insectes. Un moment après l'ensemencement, on voit apparaître les fourmis qui mangent quantité de graines. Il est aisé de les détruire en disséminant sur le sol de la pépinière des morceaux de canne à sucre, des os et autres matières dont elles sont friandes. Elles viennent s'y grouper et on les tue. Si on sème dans des boîtes, on élève celles-ci sur une installation de pieux fichés en terre et on entoure chaque pieu d'un linge imbibé de pétrole ; ce moyen réussit toujours. Lorsque les graines commencent à prendre racine, les fourmis ne pouvant plus les emporter disparaissent ; les limaçons et les chenilles se montrent alors. On leur fait la chasse à la main le matin de bonne heure, c'est le meilleur moyen de les détruire. On trouve facilement les limaçons, mais il faut un peu d'habitude pour découvrir les chenilles qui, vertes et très petites, se cachent sous les feuilles, quelquefois même sous terre. Un moyen pratique de les trouver sûrement, c'est de les chercher aux endroits où l'on rémarque des feuilles fraîchement attaquées.

12. — Arrachage des plants. — Pour arracher les plants on arrose à l'avance pour que la terre ait le temps d'être imbibée et seulement humide. Si elle était détrempée, les feuilles se trouveraient souillées de boue et les plants en souffriraient au point de devenir inutilisables. Chaque plant est saisi au ras du sol et enlevé avec précaution pour ne pas briser les racines qu'on débarrasse des terres en les secouant. Les jeunes sujets sont placés dans des paniers recouverts de vieux linges mouillés destinés à les maintenir frais. On n'en arrache pas plus qu'on ne peut planter en une fois et on procède immédiatement au repiquage.

Il ne serait pas mauvais de tremper les racines dans de la bouse de vache délayée. Cela faciliterait la reprise.

13. — Transplantation ou repiquage. — Environ 40 ou 50 jours après l'établissement des semis, si les plants ont été bien soignés, ils sont bons à être transplantés. On repique les plus vigoureux, de préférence vers la fin du jour parce qu'alors la fraîcheur de la nuit prépare la plante à mieux supporter la chaleur du jour suivant. Si le temps est couvert, il va sans dire que l'opération peut être entreprise pendant toute la journée. Au surplus, quand on craint l'effet d'un soleil trop ardent on abrite chaque plant par une petite branche, un bouchon de paille, une feuille d'arbre à pain (fig. 1).

14. — De l'alignement et de la compacité. — Comme toutes les plantes

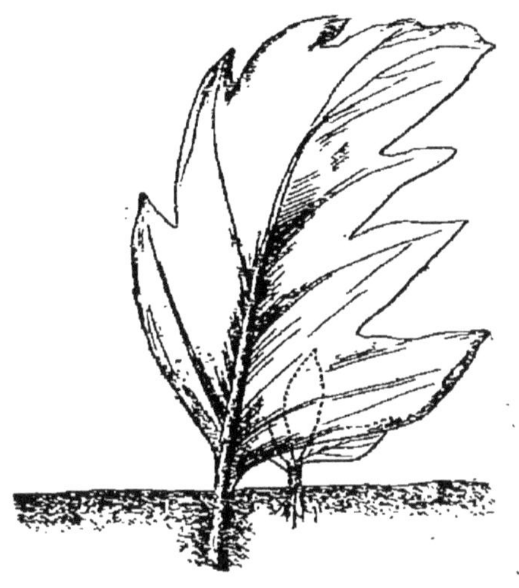

Fig. 1.

sarclées, le tabac est planté en lignes bien régulières. Si l'on veut obtenir de grandes feuilles épaisses on écarte beaucoup les plants; si, au contraire, on veut des feuilles peu développées et du tabac léger on rapproche davantage. A la Havane (Cuba) on plante à raison de 33.000 plants par hectare, en espaçant les lignes de 1 mètre et les plants sur les lignes de 0^m33; dans certains départements on plante jusqu'à 50.000 plants à l'hectare, c'est-à-dire à 0^m20 en tous les sens. Ce grand rapprochement empêche, paraît-il, le dessèchement du sol ; il pourra donc être employé lorsqu'on craindra la sécheresse, mais il présente l'inconvénient de gêner le passage lors de l'écimage, de l'ébourgeonnement et de la chasse aux animaux nuisibles.

Ici, avec des distances de 0^{m}33 et de 0^{m}66, nous avons souvent obtenu des feuilles de 0^{m}70 de longueur sur 0^{m}25 de largeur, nous engageons donc à les pratiquer ; elles donnent 45.000 plants à l'hectare ou 60.000 au carré.

Pour déterminer exactement la place à occuper par chaque plant, on se sert d'un cordeau portant des mouches en étoffe de couleur voyante ; à chacun des bouts est fixé un piquet dont la longueur est égale à l'espacement des lignes (fi2).g.

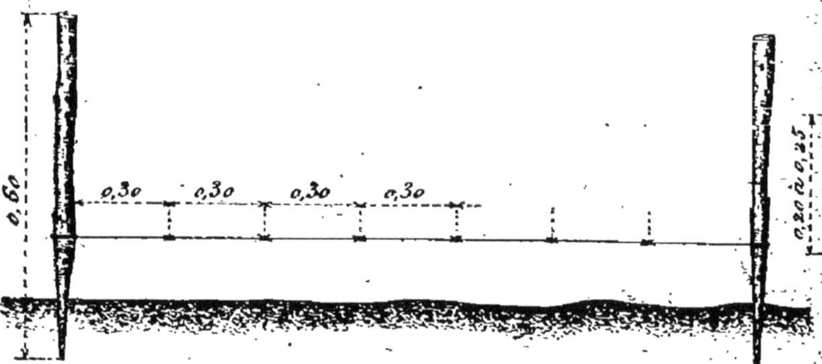

Fig. 2 et 3.

Le cordeau étant tendu bien en face de chaque mouche, on fait un trou avec un plantoir (fig. 3), une petite truelle ou même avec les doigts ; les piquets rabattus sur le sol perpendi-

culairement à la direction du cordeau détermi-
nent les extrémités d'une nouvelle rangée et
ainsi de suite. Des aides, venant après, repiquent
dans les trous en veillant à ce que les plants ne
s'enfoncent pas plus loin qu'au collet, puis pres-
sent la terre doucement tout autour.

Si la terre est suffisamment plane, on peut se
servir d'un rayonneur qui est plus expéditif.

C'est une espèce de grand rateau à fortes dents
sans manche (fig. 4).

Au moyen de cet instrument, le champ est sil-

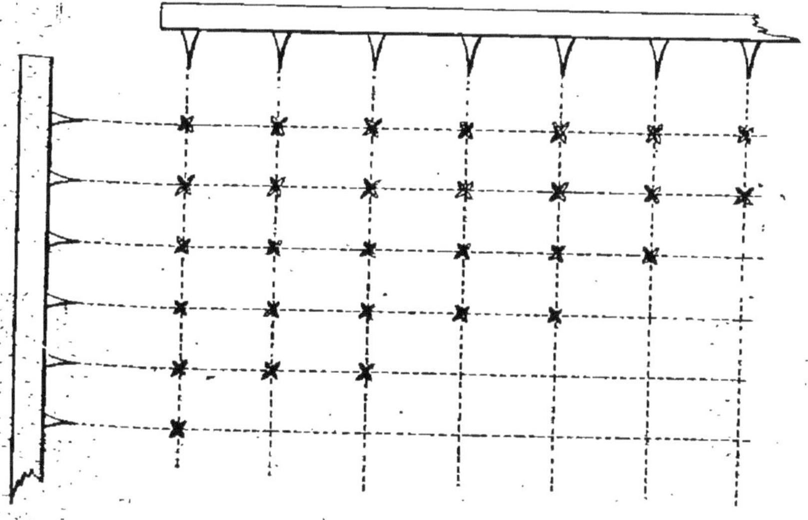

Fig. 4.

lonné et avec le cordeau tendu perpendiculaire-
ment aux sillons, on détermine la place que doit
occuper chaque plant. Au lieu du cordeau on
peut se servir de deux rayonneurs ayant des
écartements de dents différents (fig. 4).

Dans le cas où l'on rechercherait de très grandes feuilles, il vaudrait mieux planter à grande distance et en quinconce, c'est le système adopté dans les forêts vierges des Etats-Unis (fig. 5).

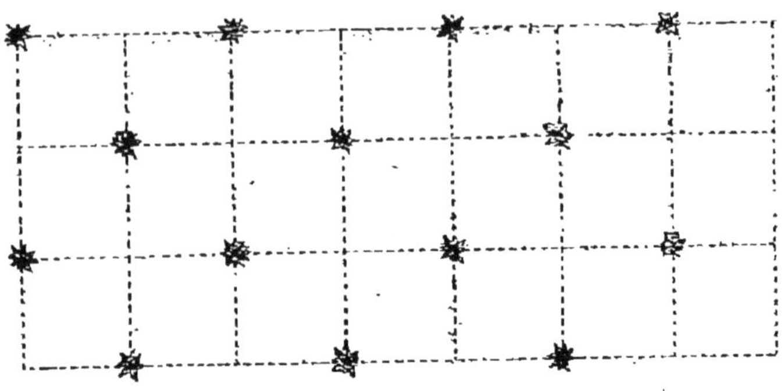

Fig. 5.

Toutes les opérations du repiquage devront être commencées, comme il a été dit, à la fin de la journée et autant que possible après une petite pluie. Mais il serait mauvais d'opérer à la suite de trop fortes pluies, car le sol détrempé gênerait les travailleurs ; les feuilles salies, alourdies par la boue, ne se redresseraient pas, périraient ou pousseraient difficilement. Il serait préférable de procéder par un temps sec, il resterait la ressource de pouvoir arroser la terre au pied de chaque sujet sans mouiller les feuilles. Par le temps de grande sécheresse, il faudrait même arroser tous les matins jusqu'à la prise complète c'est-à-dire pendant cinq à six jours. Pour s'épargner ce travail, qui deviendrait trop coûteux parfois, au moyen de rigoles ou de gouttières en bambou lorsque ce serait possible, on conduirait à travers les plantations de l'eau d'une rivière voisine, d'une source, d'une mare, d'un canal de moulin à eau.

Les travaux de repiquage n'étant ni difficiles ni pénibles peuvent être convenablement faits par des femmes et des enfants.

15. — Pieds manquants, animaux nuisibles. — Pour remplacer les pieds qui disparaissent, on ne devra pas attendre trop longtemps car alors les pieds recourus seront étouffés par les autres, *le recourage devra s'effectuer tous les soirs.*

De bonne heure aussi on devra commencer la chasse aux animaux nuisibles en procédant avec ordre. Si les plantations sont de peu d'étendue, on les parcourt tous les matins; au cas contraire, on pourrait les diviser en portions à peu près égales dont le tour d'être visitées reviendrait périodiquement. En passant entre les rangées, on détruit les chenilles qu'on cherche de préférence sous les feuilles qui présentent les moindres traces de piqûre ; ce travail demande beaucoup d'attention, car les chenilles, étant vertes comme les feuilles elles-mêmes, sont très difficiles à découvrir. Devenues grosses elles font alors un tort considérable en moins d'une nuit. Elles présentent alors une corne sur la tête et des raies blanchâtres sous le ventre; ce sont les mêmes qu'on rencontre sur les pieds de piment ; d'autres moins grosses, moins à redouter, de couleur brune, celles du pois d'angole, s'attaquent aussi aux feuilles. On ne connaît pas d'autres ennemis du tabac dans le pays. On parle bien des nuées de sauterelles qui peuvent s'abattre sur les plantations ; mais nous ne pensons pas que le cas se soit jamais présenté ici.

Certaines personnes prétendent que les dindes sont très friandes de chenilles dont elles purgent les plantations. Cela est fort possible ; mais il est bien plus pratique de couper les champs avec des lisières de patates, d'aubergines, de pieds de piment et de pois d'angole dont d'ailleurs on tirerait profit. Les chenilles négligent d'ordinaire le tabac pour ces plantes où on peut mieux les détruire.

Ces moyens nous ont fourni les plus beaux résultats.

16. — Du sarclage, du binage et du buttage. — Aussitôt après la prise complète des plantes, en moins de vingt jours, on procède à un léger sarclage à la houe à manche court, pour détruire les mauvaises herbes qui commencent à pousser. Dans les vingt-cinq jours suivants et même avant au besoin, on pourra donner une autre façon plus profonde en amenant un peu de terre au pied des plants, couvrant ainsi les dernières feuilles qui ont jauni et ne seront pas utilisées.

Ces deux façons suffisent généralement ; on en pratique une troisième dans le cas seulement où les herbes, aidées des grandes pluies, cherchent à envahir les champs. Il ne reste plus après cela que l'opération du buttage et de l'épamprement : des femmes et des enfants détachent les trois ou quatre feuilles du bas, les rompent et en entourent le pied, d'autres arrivent derrière, forment la butte en enterrant dessous les feuilles (fig. 6). On favorise ainsi la naissance de nombreuses racines adventives qui font beaucoup

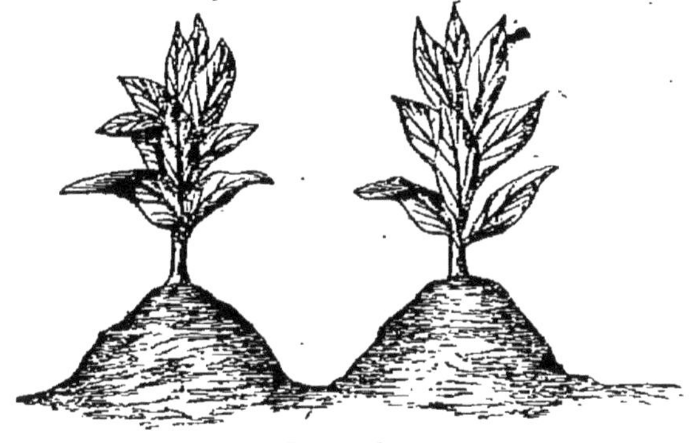

Fig. 6.

profiter les pieds ; ce travail ne peut être entrepris que lorsque les plantes ont atteint assez de hauteur pour que la butte n'en couvre pas le cœur.

17. — De l'écimage et de l'ébourgeonnement. — La culture du tabac ayant généralement pour but principal d'obtenir les plus belles feuilles possibles, on cherche à concentrer la sève dans ces parties. A cet effet on coupe avec les ongles

le bouton floral aussitôt son apparition, au fur et
à mesure de la venue des plants, c'est en quoi
consiste l'écimage, En bonne terre, on laisse en
moyenne 14, 16 feuilles par pied, 8 à 10 en terre
ordinaire ; la dose de nicotine et par conséquent

Fig. 7.

la force du produit dépendra d'ailleurs du nombre de feuilles conservées. Avant d'écimer on
devra attendre que les premières feuilles du haut,
appelées à former la première classe, aient acquis un assez grand développement (fig. 7). La

végétation contrariée par l'écimage continue son action en faisant passer aux aisselles des feuilles des bourgeons devant former des branches. On les détruit, autrement ils détourneraient à leur profit une grande partie de la sève et on n'obtiendrait que des feuilles minces sans force. L'ébourgeonnement est pratiqué autant de fois que c'est nécessaire avant que les bourgeons atteignent dix centimètres, le matin en passant dans les plantations.

18. — Maladies du tabac. — Le tabac est sujet à plusieurs maladies qui heureusement ne sont pas très à redouter parce qu'elles se montrent généralement tard, presque toujours vers l'époque où l'on peut tirer parti du produit en procédant à la récolte.

En première ligne vient *la rouille* caractérisée par des taches assez larges couleur de rouille, d'où son nom. Les parties atteintes se dessèchent sur pied et tombent en poussière. Les fumiers employés frais et surtout un terrain marécageux sont les deux seules causes de cette maladie.

La nielle se manifeste par de très petites taches rondes de la couleur de la rouille ; elle est une cause de dépréciation dans le cas seulement où toutes ces petites taches sont assez nombreuses pour se rencontrer. Cette maladie ne peut guère être évitée car elle est due, paraît-il, au brouillard et à l'action de la pluie tombant subitement pendant les journées de chaud soleil. — *L'étio-lement* frappe les pieds arriérés, étouffés par les autres ; il est causé par le manque d'air et de lumière. Les pieds atteints sont d'un vert-pâle et restent frêles. Par le recourage pratiqué à temps tous les soirs on pourrait facilement éviter cette maladie.

Lors du repiquage, si l'on n'a pas pris soin de veiller à ce que les racines ne se replient sur elles-mêmes, on obtient généralement des plantes malades, à feuilles longues et effilées dont le produit dur et âcre sera de peu de valeur.

Il faut encore mentionner ce qu'on appelle *coup de soleil* qui est plutôt un accident qu'une véritable maladie. Le vent, un animal, le tabaciculteur lui-même, en passant entre les rangées, retourne parfois des feuilles et les rayons de soleil frappant sur la face dorsale des feuilles ainsi retournées la rendent lisse et la brûlent. Le remède est de les remettre dans leur position naturelle, sinon elles ne tardent pas à devenir friables et impropres à tout usage.

19. — Des porte-graines. — Dans quelques localités de nos communes du nord où l'on cultive un peu le tabac, on recueille les graines de deuxième et même de troisième rejeton. C'est ce qui se fait aussi à la Havane, paraît-il, pour les exportations. Point n'est besoin de faire ressortir tout ce qu'il y a de mauvais dans ce procédé.

Le tabac de rejeton est d'une qualité inférieure, or les caractères physiques de la feuille, « finesse du tissu, ténuité des nervures, développement, etc., persistent pendant plusieurs générations »; si le choix des reproducteurs laisse tant soit peu à désirer, les plantes en provenant s'en ressentiront. On devra donc choisir comme plantes-mères des sujets à forte tige, à feuilles lisses, bien développées, d'une belle couleur verte absolument saines. Pour ne pas les écimer par inadvertance et pour que le vent ne les casse pas ou ne les remue trop, on leur donne un tuteur. Les capsules, dont on conserve environ 200 par pied, sont coupées dès qu'elles ont acquis une couleur jaune pâle, attachées en forme de bouquets et suspendues la tête en l'air dans un endroit sec à l'abri de toute humidité. Après la dessiccation complète, on les ouvre et les graines passées au tamis sont conservées dans des bouteilles bien bouchées ; certaines personnes ne les ouvrent qu'au moment de semer.

La graine de tabac conserve ses propriétés germinatives pendant très longtemps, assure-t-on ; mais celles qui ont été récoltées par un temps de pluie ou même conservées dans un endroit humide se moisissent et ne tardent pas à se gâter.

Comme 25 pieds donnent environ 1 kilogramme de graines (à peu près 1 litre), sachant qu'un centilitre suffit pour ensemencer 6 mètres carrés et qu'un mètre carré donne 500 plants, il n'est pas difficile de déterminer le nombre de porte-graines à conserver eu égard à l'importance de la plantation à établir.

Soit 62.000 pieds à planter. On devra employer

$$\frac{1 \times 62.000}{6 \times 500} = 0^l20,$$ environ le cinquième d'un

litre. Or 1 litre de graines est produit par 25

pieds, 0^l20 seront donnés par $\dfrac{25 \times 20}{100} = 5$ pieds.

En conservant 8 pieds on parera aux éventualités dont il faut toujours faire la part.

Au lieu d'employer les graines du pays, surtout au début, il vaut mieux donner la préférence à celles de qualité provenant des pays situés à peu près dans les mêmes conditions de climat que le nôtre, comme *Cuba, Porto-Rico, Haïti*. Il conviendrait même de renouveler de temps en temps les graines, afin d'empêcher toute dégénérescence.

20. — Des rejetons. — Les pieds de tabac coupés repoussent avec vigueur en touffes énormes. Quelques personnes recommandent l'arrachage des souches aussitôt après la récolte, pour ne pas épuiser le sol. Nous ne partageons pas absolument leur avis. En procédant à une nouvelle plantation on obtient, il est vrai, un tabac de meilleure qualité, mais aussi on fait de nouvelles dépenses assez élevées tandis qu'en conservant un des rejetons et en lui prodiguant les soins nécessaires on obtient une récolte presque sans dépenses. Au besoin si l'épuisement est à craindre, on fume, et au lieu d'écimer à 10 ou 12 feuilles, on n'en conserve que 6 à 8. Les feuilles ainsi obtenues seront moins développées que lors de la première récolte, mais, de l'avis de beaucoup de planteurs, elles seront plus douces. Après cette seconde récolte nous sommes d'avis qu'on arrache immédiatement les souches.

RÉSUMÉ DU CHAPITRE II

1. — Il existe un grand nombre de variétés de tabacs. Au point de vue de la culture, on n'en distingue que deux. A la première semblent appartenir nos tabacs qui poussent partout ici à l'état sauvage; à la seconde appartient le tabac rustique, d'une culture avantageuse.

2. — La culture du tabac exige des soins minutieux qui peuvent être donnés par des femmes et des enfants; on admet généralement qu'elle ne doit pas être entreprise sur une vaste échelle.
Le tabac se plaît dans une terre meuble, profonde. On le plante sans fumier dans les terres vierges, d'ordinaire chargées d'humus et autant que possible abritées de grands vents.

3. — La première qualité d'un bon tabac est la

combustibilité. Certains terrains impropres à cette culture en produisent néanmoins d'incombustible. Mais on peut rendre combustible un tabac qui ne l'est pas, en lui incorporant un sel organique à base de potasse.

4. — Ici, le planteur aurait intérêt à sacrifier la grande quantité à la qualité, parce qu'il pourrait vendre plus sûrement son produit à un prix élevé aux manufactures françaises de l'État.

5. — De tous les fumiers de parc, celui du cochon est le meilleur, il donne un goût fort agréable au tabac. Le guano et la colombine, plus généralement employés, sont très actifs, mais ne doivent être utilisés que mélangés et en terres fertiles.

On emploiera avec prudence les engrais chimiques dont on devra s'assurer la composition ; les meilleurs sont riches en potasse, en chaux, en azote et phosphate.

Il ne saurait être accordé trop de soin à la question d'engrais qui est d'une grande importance ; c'est d'elle surtout que dépend la qualité du produit obtenu.

6. — On pourrait aussi employer l'engrais humain qui produit les mêmes effets que le guano et la colombine, mais malheureusement les préjugés et la routine font qu'il se perd partout ici. On jette de même les immondices des villes et bourgs dont il serait si facile de tirer parti.

7. — Le fumier doit être toujours abrité contre le

soleil et les grosses pluies qui lui font perdre de ses propriétés fertilisantes.

8. — La terre doit être préparée de longue main. Comme notre sol est généralement fertile, deux labours, trois tout au plus, peuvent suffire. Dans le pays, d'ordinaire, on plante au trou en travaillant exclusivement à la houe. Ce procédé, qui paraît défectueux, donne cependant de bons résultats.

9. — La pépinière est établie avec soin le plus près possible de la maison, afin qu'on puisse lui prodiguer, le matin de bonne heure, les soins qu'elle réclame. On l'abrite contre les rayons du soleil et les grandes pluies.

10. — L'époque la plus favorable pour semer est septembre, octobre et surtout novembre.
Un mètre carré de semis peut fournir 600 bons plants Il faut semer environ le cinquième d'un litre pour obtenir 60.000 plants qu'on peut planter sur 1h. 29a. 26c. (1h.1/3), en observant des distances de 0m33 entre les pieds et de 0m66 entre les rangées.

11. — Les soins d'entretien en pépinière consistent à détruire les fourmis, les limaçons, les chenilles, à arroser, à arracher les mauvaises herbes. Les terreautages ne devront pas être négligés, ils sont d'une grande importance.

12. — On ne doit pas procéder à l'arrachage des plants lorsque le sol de la pépinière est trop détrempé par la pluie, il vaut mieux opérer après une petite pluie ou même par un temps sec en arrosant quelques heures avant.

13. — On transplante de préférence le soir, environ 45 ou 50 jours après l'établissement des semis, en choisissant les plants trapus, rustiques, de 5 à 6 feuilles. On rejette ceux qui sont trop frêles, maladifs ou attaqués par les insectes.

14. — Pour planter en lignes, on se sert d'un cordeau portant des mouches de couleur, ou des rayonneurs, espèce de grands rateaux à fortes dents, sans manche. Le nombre de plants par hectare est porté quelquefois jusqu'à 50.000. Ce grand rapprochement empêche le dessèchement du sol.

15. — Le recourage est opéré tous les soirs avec soin sous peine d'obtenir une plantation de venue très irrégulière, au grand préjudice du rendement.

La chasse aux animaux nuisibles sera entreprise de bonne heure aussi. Avec un peu d'habitude on arrivera facilement à découvrir les chenilles cachées sous les feuilles. Ce sont les mêmes que celles qu'on rencontre sur les pieds de piment et les pieds de pois d'angole.

16. — Le tabac exige un ou deux sarclages, un binage, un buttage spécial et un épamprement. Ces façons légères et peu coûteuses peuvent être données même par des enfants armés de petites houes à manche court.

17. — L'écimage consiste à couper le bouton floral dès qu'il se montre, dans le but de favoriser le développement des feuilles; l'ébourgeonnement, qui se fait dans le même but, consiste à retrancher tous les

bourgeons; on les trouve à l'aisselle des feuilles. Ces deux opérations doivent être pratiquées à temps.

18. — Les seules maladies du tabac connues dans le pays sont : la rouille, la nielle, l'étiolement. Elles ne sont ni très communes, ni très redoutables. Cependant on doit prendre quand même des précautions pour les éviter.

19. — Les plantes mères sont destinées à fournir des graines ; il est conservé dans ce but les plus beaux sujets. Les capsules sont coupées, séchées à l'air et les graines conservées à l'abri de l'humidité dans des bouteilles bien bouchées.

Vingt-cinq pieds fournissant environ 1 litre de graines, il faudrait 5 à 8 pieds pour donner de quoi planter 1h. 1/3 (1 carré, ancienne mesure), soit 60.000 pieds.

Il serait à désirer qu'on introduisît dans le pays les graines provenant de Cuba.

20. — On ne doit pas laisser le tabac rejetonner autant que la canne à sucre sous peine de voir le sol s'épuiser rapidement et de n'obtenir qu'un produit de mauvaise qualité, d'écoulement difficile. Aussitôt après la deuxième récolte, la prudence exige d'arracher les souches sans retard.

Chapitre III

1. — Epoque de la récolte. — La question de l'époque de la récolte a son importance. Comme le taux de nicotine, c'est-à-dire la force du tabac va en augmentant, il importe de ne pas trop laisser s'accentuer les signes de maturité quand on veut obtenir du tabac léger destiné à la combustion. Il est aussi à remarquer que plus le tabac est jeune, plus il est combustible. On laissera les feuilles se charger de plus de nicotine si on les destine à la confection des robes et encore davantage si on pense les réduire en poudre. Mais il ne faut pas perdre de vue que le rendement n'augmente guère dans l'intervalle de temps qui va du développement complet des feuilles à la maturité extrême et qu'à partir de la maturité complète les feuilles perdent rapidement de leur combustibilité, de leur arome, et une grande partie de leur poids.

2. — Signes de maturité. — On reconnaît la maturité des feuilles à plusieurs signes qui apparaissent 60 à 75 jours après le repiquage si toutes les façons ont été données à temps. Ici, on replie une feuille à angle droit sur elle-même ; si la grosse nervure du milieu se casse avec un bruit sec bien prononcé, la plante est mûre. C'est le même moyen qui est employé à la Havane. Les planteurs du Hainaut procèdent différemment : ils coupent une tige et si, à la surface de la partie coupée, ils remarquent un cercle brun tirant sur le rouge ils sont certains de la maturité. Les feuilles bien mûres sont épaisses, boursouflées, d'une couleur vert pâle tirant imperceptiblement sur le jaune ; ces caractères sont plus ou moins prononcés selon le degré de maturité.

3. — Récolte. — Les dernières feuilles du bas dites de pied mûrissent les premières ; elles sont généralement les plus minces et forment la dernière qualité de la récolte. On les transporte au séchoir (voyez construction du séchoir, chap. VI, n° 6) où on les réunit deux à deux avec des cordes de seguine, de mahaut ou de bananier pour les déposer à cheval sur des gaulettes. Il est encore plus expéditif de les enfiler dans des ficelles qu'on tend en fixant chacun des bouts à un clou. On emploie à cet effet de longues aiguilles qu'on peut faire soi-même avec les tiges

métalliques formant l'ossature d'un vieux para-
pluie. Quelques jours plus tard, quand on juge
les signes de maturité suffisamment prononcés,
on coupe la tige par tronçons de deux feuilles.
Les deux ou trois premiers tronçons du haut,
qui doivent former la première classe, sont dé-
posés, la face dorsale tournée vers le soleil, sur
le sommet de la butte, tandis que les autres formant la deuxième classe sont mis dans le sillon.
Sur des pieux fichés en terre dans toute la plantation, on dépose des gaulettes (fig. 8), sur les-

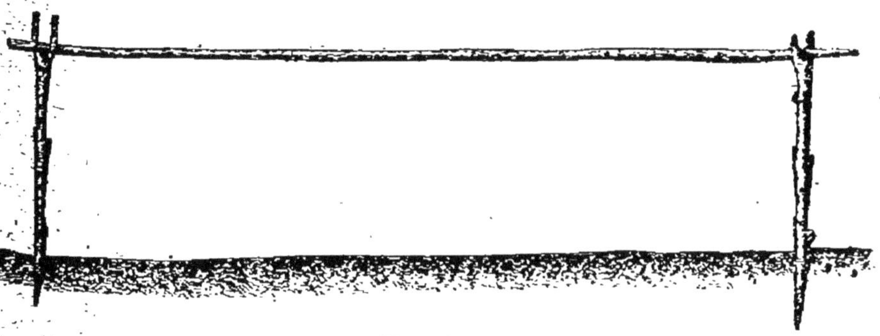

Fig. 8.

quelles on met les tronçons à califourchon, en
maintenant la distinction établie.

Puis, aussitôt que le soleil a fané les feuilles,
on procède à l'enlèvement de la récolte. Les gaulettes chargées sont déposées au séchoir sur des
traverses. Deux hommes en transportent chaque
fois quatre, deux sur les épaules, les deux autres à la main.

Dans nos communes du Nord, dans le midi de

la France, on coupe simplement la tige garnie de toutes ses feuilles et on la suspend tête en bas. Nous engageons à ne pas trop employer ce procédé bien qu'il soit très expéditif, parce que l'air ne pouvant circuler entre les feuilles, il s'y produit une fermentation qui occasionne une perte de poids et une légère dépréciation de la qualité.

Il va sans dire que la récolte devra être entreprise après l'évaporation de la rosée de la nuit et toujours par une belle journée de soleil. On devra la cesser aussitôt que le temps sera menaçant, car un tabac déjà coupé et mouillé par la pluie est pour ainsi dire perdu.

4. — Du javelage. — Il consiste à mettre le tabac en tas au séchoir pendant plusieurs jours en le retournant de temps en temps pour lui faire prendre couleur plus vite. Le tabac javelé perd beaucoup en poids et en qualité ; il conserve une couleur jaune-clair au lieu de la belle couleur marron-rougeâtre (celle de la cannelle approchant) qui est à rechercher. Il faudrait donc ne pas pratiquer ce système ou faire durer le moins possible le séjour en tas au séchoir.

5. — De la dessiccation. — Le tabac étant transporté au séchoir doit subir une dessiccation ni trop rapide ni trop lente. Dans le premier cas, il reste vert et parfois devient sec au point de tomber en petits morceaux au toucher. Une récolte dans cet état est irrémédiablement perdue. Dans le second cas, il se couvre de moisissures et peut pourrir; on est obligé de brosser une à une toutes les feuilles, travail long et coûteux.

Pour éviter ces deux inconvénients également à craindre, le planteur doit visiter son séchoir tous les jours. Comme cette pièce est généralement assez vaste, on ne peut en une fois couper du tabac en quantité suffisante pour la remplir, le pourrait-on d'ailleurs, qu'il serait prudent de ne pas le faire pour éviter l'encombrement et pour pouvoir exercer une surveillance plus efficace.

Les premières gaulettes chargées de feuilles occupent les derniers appuis du bas où la dessiccation en vert n'est guère à craindre. On les éloigne d'environ 8 à 10 centimètres l'une de l'autre selon que les feuilles sont plus ou moins développées, plus ou moins fanées par le soleil ; l'essentiel c'est qu'elles ne se croisent pas au point de fermenter. Les tronçons sur les gaulettes ne doivent pas non plus se croiser; on les place en moyenne à 4 ou 5 centimètres de distance.

Le séchoir est tenu fermé, mais lorsque la température est très élevée, pendant les journées de fort soleil, il arrive parfois que le tabac tend à sécher en vert, en ce cas on arrose légèrement le sol du séchoir. Il peut rester ouvert le matin aussi longtemps qu'on le juge nécessaire, quand il n'y a ni pluie ni brouillard, ainsi que pendant les journées de soleil lorsqu'on y a remarqué un peu d'humidité. Si le tabac a déjà pris couleur, on peut même établir des courants d'air qui chassent la vapeur d'eau. En aucun cas les courants d'air ne doivent être établis avant que les feuilles aient entièrement pris couleur, sous peine de s'exposer à ne pas pouvoir ramener le tabac qui conserve, quoi qu'on fasse, une teinte grisâtre lui faisant perdre de sa valeur.

Dès que les feuilles ont jauni et commencent à être de la couleur marron tirant sur le rouge, ce qui s'appelle « *prendre couleur* », on fait monter les gaulettes de plusieurs appuis pour faire place à d'autre tabac. On continue ainsi en rapprochant les gaulettes au fur et à mesure qu'elles s'élèvent jusqu'à ce que le séchoir soit rempli. Le tabac est bon à descendre quand la grosse nervure du milieu étant encore souple et non cassante a perdu complètement toute humidité. A ce moment on peut, on doit même serrer les tronçons et les gaulettes, les mettre bien en contact et les laisser ainsi jusqu'à ce qu'on soit prêt à l'établissement des bancs.

6. — **Mise en bancs.** — A terre, dans un endroit bien sec, à l'abri de toute humidité, on établit un plancher isolé du sol par des soliveaux

Sur ce plancher est mise une épaisse couche de paille bien sèche ; on utilise à cet effet les feuilles du bananier. Ces préparatifs terminés, on effeuille les tronçons de tige au fur et à mesure qu'on les descend en maintenant les distinctions en feuilles dites de pied, feuilles médianes ou du milieu, et feuilles de couronne ou du haut. Cela facilitera plus tard le travail important du triage et du classement.

On prend des poignées de 25 à 30 feuilles qu'on allonge avec soin de manière à faire disparaître autant que possible les plis ; on les dépose bien en ligne sur le lit de paille, les têtes du même côté. En face de cette première ligne, on en établit une autre la recouvrant d'environ un tiers.

Sur ces deux lignes qu'on établit aussi longues qu'on veut, on élève graduellement le banc à une hauteur d'environ un mètre et on le recouvre complètement avec du vieux linge, des feuilles sèches ou de la paille. Parallèlement à ce premier banc on établit un second, puis un troisième, et ainsi de suite en les séparant par un passage un peu supérieur à la largeur d'un banc, autrement on ne pourrait procéder aux retournements (n° 7).

Au moment de la mise en banc, les grosses côtes du milieu sont quelquefois encore chargées de leur eau de végétation. On doit bien se garder alors de mettre dans les piles les feuilles en cet état, car elles ne tarderaient pas à pourrir et à faire pourrir toutes celles avec lesquelles elles se trouveraient en contact. Il faut avoir la patience de les laisser sécher complètement, et au besoin ne pas hésiter à les passer au soleil.

7. — Des retournements. — Les bancs une fois montés ne sont pas abandonnés à eux-mêmes, on les visite tous les jours. Si l'on y remarque une élévation continuelle de température, on doit les démonter et les retourner, c'est-à-dire les rétablir dans les passages réservés à dessein en mettant en bas les poignées de feuilles qui étaient en haut et réciproquement. On devra procéder à ce travail au moins une fois pendant la durée des bancs qui peut être d'un mois et même plus.

8. — Du triage et du classement des feuilles. — En démontant définitivement les bancs, on procède au triage. Pour cela le planteur s'installe devant une table ou établi fait de planches rabotées pour éviter que la rugosité de leur surface ne déchire les feuilles. Celles-ci sont tournées, retournées, bien examinées sur chaque face et classées en deux catégories. On subdivise la première catégorie en trois classes dites marchandes et la deuxième en deux classes non marchandes. On pourrait, sans inconvénient, adopter tout autre classement.

Dans la première catégorie peuvent entrer

toutes les plus grandes et plus belles feuilles, exemptes de grandes déchirures, de défauts trop prononcés.

La 1re classe marchande comprendra les feuilles les plus épaisses, d'une belle nuance marron uniforme, saines dans toutes leurs parties et mesurant au moins 45 à 60 centimètres de longueur ; la 2e classe les feuilles de même longueur également saines, à peu près de la même nuance, mais d'un tissu plus faible ; la 3e celles plus petites, de nuance passable, pouvant présenter de petites déchirures qui toutefois ne les rendent pas impropres à la confection des capes ou robes (une belle robe doit mesurer environ 25 à 30 centimètres de longueur sur 2 ou 3 de largeur).

La 1re classe non marchande comprendra les feuilles trop courtes et celles qui seront trop déchirées pour servir à la confection des robes ; dans la 2e classe de cette catégorie on fera entrer les feuilles les plus déchirées, celles qui sont moisies et rouillées.

Les feuilles échauffées, celles qui ont séché en vert et les débris sont portés à la fosse au fumier.

Remarque. — On peut établir autant de catégories qu'on veut. Si nous en conseillons deux seulement, c'est dans le but évident de simplifier le travail difficile et malsain du triage. Mais le planteur peut avoir intérêt à modifier ce que nous disons sur ce point ; à la Havane, au moment du choix des feuilles propres à la confection des cigares, on pousse la division jusqu'à neuf classes !

9. — Du manoquage — Les feuilles triées sont déposées dans des cases correspondant à leur classe, de là elles peuvent passer entre les mains d'un aide repasseur, qui au besoin modifie le travail, puis il procède au manoquage.

De la main gauche, le manoqueur saisit une poignée de feuilles, dont il égalise les têtes, de la main droite les suspend par la pointe, les plus courtes tombent ; il procède de la sorte à un triage par longueur. Cela fait, il choisit une poignée de 25 à 30 feuilles à peu près de même longueur, à cinq centimètres à peu près des têtes, il tient sur le faisceau avec le pouce de la main gauche une feuille souple. Si maintenant il fait faire deux ou trois tours en forme de cravate à cette dernière en serrant, il ne lui reste plus qu'à passer l'extrémité de la cravate sous la ligature entre les feuilles pour que la manoque soit terminée. Comme le montre la figure 9 on remarquera que les extrémités des têtes doivent rester à nu afin qu'au besoin on puisse couper les parties ligneuses sans toucher au parenchyme.

A la fin de la journée, on remet les manoques

en bancs, comme il a été indiqué plus haut, en
ayant soin de les couvrir; elles y restent jusqu'à
ce qu'on ait fini avec toute la récolte et qu'on se
soit décidé à établir la masse de fermentation

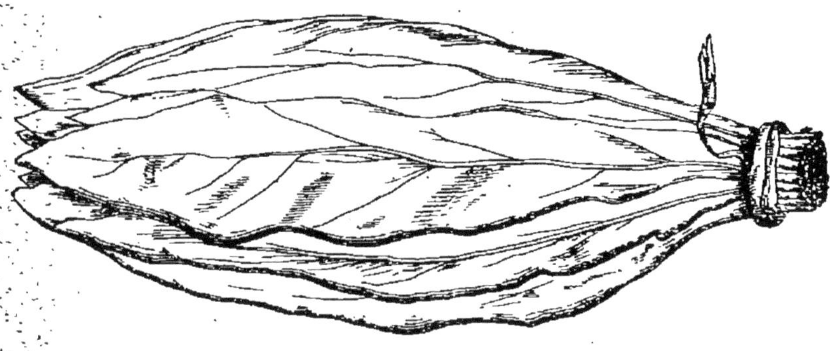

Fig. 9.

10. — **Etablissement de la masse de fermentation.** — Dans un endroit sec à l'abri de l'humidité, comme il a été dit au n° 6, on monte les
manoques en bancs de la même longueur; il faut
avoir soin de donner à ces bancs une hauteur
d'environ deux mètres et veiller à ce que les tas
s'élèvent d'aplomb. L'ensemble de ces bancs
prend le nom de masse de fermentation. Dans le
but d'éviter tout éventrement et tout effondre-
ment, lors de l'affaissement qui doit se produire
au moment de la fermentation, on prend soin de
tasser et de disposer des files de manoques au
milieu et sur les têtes (fig. 10). Ces dispositions
ne sont pas à négliger car il pourrait se produire
non pas un affaissement général, mais des ef-

fondrements partiels qui causeraient des déchirures dans les feuilles.

La mise en masse terminée, on ferme hermé-
tiquement le séchoir, qu'on ouvre parfois par le
beau temps, en évitant soigneusement les courants
d'air. Dans le but de rendre la fermentation
aussi uniforme que possible, on procède aussi

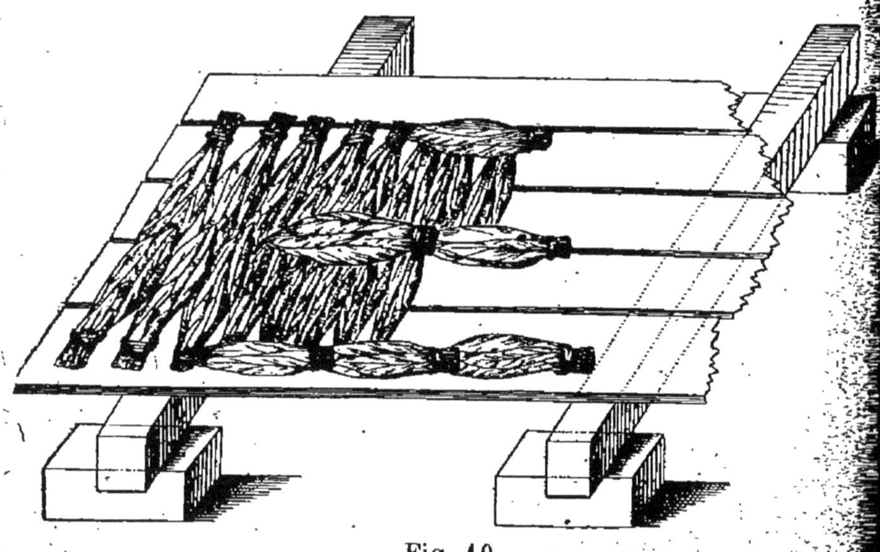

Fig. 10.

au retournement au moins une fois de la même
façon qu'il a été dit. La masse peut être conservée
aussi longtemps qu'on veut et pour le moins
environ un mois. Contrairement à ce qui a été
dit pour les bancs primitifs, ceux de la masse
ne doivent pas être du tout couverts.

11. — De la surveillance de la masse. — La
masse doit être l'objet d'une surveillance active

pour ainsi dire journalière. En la montant, vers le milieu de chacun des bancs, on dispose debout obliquement un cylindre creux d'environ 2ᵐ30 à 2ᵐ50, ou économiquement un bambou dont on crèvera tous les nœuds et dont la surface latérale est percée.

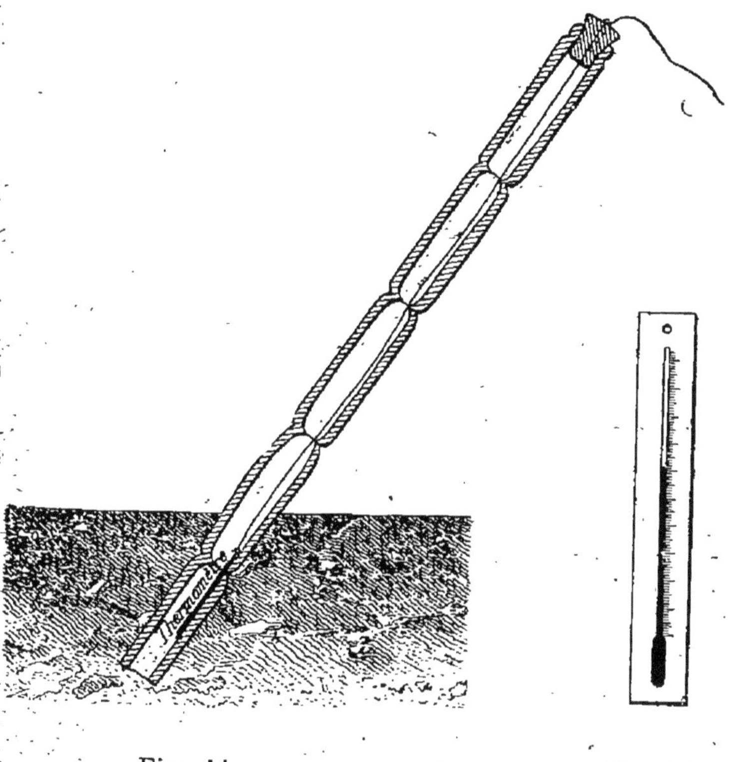

Fig. 11.

Fig. 12.

Dans ce bambou bouché descend une ficelle au bout de laquelle est attaché un thermomètre (fig. 11) ; à l'un des poteaux du séchoir on accroche un autre thermomètre. La température de la pièce s'élève-t-elle trop, ou celle des bancs dont on a pris note, s'élève-t-elle brusquement, on ouvre en évitant soigneusement les courants d'air. En aucun cas, il ne faudrait la laisser s'élever au-dessus de 30 à 35 degrés centigrades. Si, au contraire, elle tend à s'abaisser ou à rester la même, on procède au retournement.

Remarque importante. — En France, les planteurs livrent les feuilles à la régie simplement séchées en les mettant en manoques sans même leur faire subir la mise en bancs. Il en serait de même ici le jour où nous pourrions expédier nos produits en France, il en résulterait une économie de temps d'environ trois mois.

12. — **De la mouillade.** — La mise en bancs, les retournements, le manoquage et l'établisse-ment de la masse doivent avoir lieu de préférence le matin, alors que les feuilles sont encore as-souplies par la fraîcheur de la nuit. Elles reste-ront souples jusqu'à la fin, si toutes les manipu-lations ont été faites convenablement et à temps. On ne devra pas arroser avec du sirop, du rhum, du cognac, comme on le pense généralement ici. Le tabac ainsi traité, mis en tas, pourrit infailli-blement; mis à l'air il ne sèche pas et laisse les mains toujours imprégnées de sirop. S'il arrive que, par suite de négligence ou d'inexpérience, les feuilles soient trop sèches au moment de les mettre en tas, il suffit de faire bouillir au séchoir, dans un vase ouvert à large ouverture, de l'eau dont la vapeur leur rendrait leur souplesse. Si elles manquent de sève, comme le sont parfois les feuilles basses, au point de ne pas pouvoir fermenter naturellement, on les arrosera alors, mais le plus légèrement possible, avec de l'eau salée dans laquelle on aura fait bouillir du tabac de bonne qualité et des feuilles aromatiques. Les Havanais emploient un liquide, le pétun, qu'ils font fermenter et dont on ne connaît pas exactement la composition.

13. — **De l'aromatisation.** — Les Américains aromatisent leurs tabacs avec des fèves de tonka. Ces fèves se vendent jusqu'à 25 francs le kilog. Ce sont les fruits d'un gros arbre, *coumarouna odorata*, qui croît dans les forêts de la Guyane, où il atteint une hauteur de vingt mètres. Il pousse très bien à la Martinique, les vigoureux sujets de notre jardin botanique le prouvent.

On emploie aussi l'écorce d'un arbuste, la cascarille, qui, paraît-il, croît à l'état sauvage aux îles Bahama. On la distingue de toute autre écorce à l'odeur suave et vive qu'elle émet en brûlant.

Dans le pays, on pourrait faire usage d'une petite plante, vulgairement appelée « lachogne », dont l'arome des feuilles semble ne le céder en rien à celui des fèves de tonka et de l'écorce de la cascarille. On la rencontre généralement dans les jardins potagers où on la reproduit par bouture. Elle est délicate et demande pour vivre une terre riche ; par les temps de grandes pluies elle meurt facilement si l'on ne prend soin de la fumer et de la butter. Ses feuilles, très étroites, petites, épaisses et d'un beau vert, exhalent une odeur des plus fines. — On utiliserait encore avantageusement nos muscades, nos feuilles de bois d'Inde, la vanille, etc.

RÉSUMÉ DU CHAPITRE III

1. — Il importe de bien choisir le moment de la récolte. Si l'on veut obtenir du tabac léger pour la combustion, on l'avance ; au contraire, on la recule, si l'on veut obtenir du tabac fort pour la poudre à priser.

2. — Le tabac est mûr quand la feuille, repliée en équerre sur elle-même, se casse avec un petit bruit sec bien perceptible à l'oreille.

3. — Pour opérer la récolte on coupe la tige par tronçons de deux feuilles, on les transporte au séchoir sur des gaulettes Ce travail ne doit jamais être entrepris par un temps de pluie.

4. — Le tabac javelé perd de son poids et de sa qualité. On doit proscrire le javelage ou le faire durer le moins de jours possible.

5. — Les feuilles doivent subir une dessiccation lente dans une pièce appelée séchoir. Des précautions

sont prises pour qu'elle ne s'effectue pas trop rapide-ment et pour que les feuilles soient préservées de la moisissure.

6. — Dans les bancs, où il doit conserver sa sou-plesse, le tabac subit une deuxième dessiccation encore plus lente, sans fermentation.

7. — Il est retourné de temps en temps.

8. — En démontant les bancs, on procède à un triage par longueur, puis à un classement par caté-gories, subdivisés en classes qui peuvent être très nombreuses.

9. — Après le classement, on procède au mano-quage qui consiste à établir des petits paquets de 25 à 30 feuilles attachées ensemble par une feuille, petite, souple et mince.

10. — Les manoques sont rétablies en bancs dont l'ensemble prend le nom de masse de fermen-tation.

11. — La masse doit être l'objet d'une grande surveillance, sa température ne doit guère dépasser 30 à 35° centigrades.

12. — Le tabac ne doit pas être mouillé avec du sirop, du rhum, du cognac comme on le croit ici. La fermentation doit pouvoir se produire naturel-lement; dans le cas où les feuilles manquent de sève et ne peuvent fermenter, on arrose, mais très légèrement.

13. — On aromatise généralement avec des fèves de tonka, de l'écorce de cascarille, des feuilles de « lachogne » ; on pourrait de même employer de la cannelle, de la muscade, de la vanille, etc.

Chapitre IV

Les diverses manipulations terminées, il faut pouvoir transporter le produit sur un marché pour l'écouler. Il doit être emballé avec soin pour ne pas souffrir du voyage et pour pouvoir être présenté sous un aspect convenable. A cet effet, on emploie généralement des caisses, des peaux, des boucauts, de la grosse toile, etc.

1. — **De l'emballage en boucaut.** — Les manoques sont bien allongées sans ordre déterminé en évitant que les feuilles ne se replient ni ne se froissent. Au moyen d'une machine appropriée on presse énergiquement les couches de tabac et on ferme le boucaut.

Ce genre d'emballage n'est guère à recommander parce qu'il est encombrant et coûteux, deux considérations dont on doit tenir grand compte dans nos campagnes où le logement est exigu et les moyens de communication difficiles.

2. — **Emballage sous toile.** — On emploie à
cet usage une simple caisse d'un mètre cube, sans
fond, dont les côtés mobiles sont rendus solidaires à l'aide de crochets extérieurs en fer existant
aux angles. Au fond est installée une toile de 3
mètres sur 1 mètre, de façon qu'elle puisse servir pour le fond et deux côtés en se relevant ; les
manoques disposées bien à plat, les pointes en
dedans, sont pressées de temps en temps. Lorsque le moule est rempli, on enlève les côtés, on
passe une autre toile en croix de même dimen-
sion destinée à couvrir les trois autres côtés, puis
on coud avec de la ficelle en tirant sur les toiles.
La balle est ensuite consolidée à l'aide d'une
corde (fig. 13). On utiliserait avantageusement

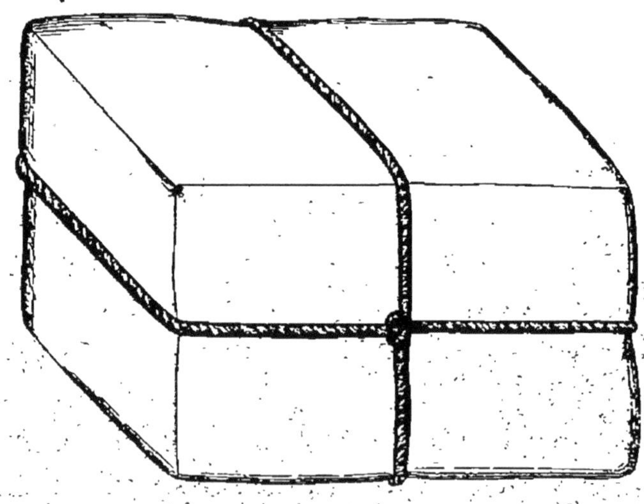

Fig. 13.

nos cordes de mahaut et de bananier confection-
nées un peu plus grosses qu'à l'ordinaire.

Les balles pèsent généralement jusqu'à 600 kilogr., elles sont déposées dans un magasin les unes au-dessus des autres à l'abri de l'humidité sur un plancher isolé du sol. L'une d'elles, dans laquelle on place un thermomètre, ouverte au milieu de sa pile, est examinée tous les matins. Si la température s'élève trop ou si en flairant on reconnaît la moindre odeur douteuse, on écarte les balles, on aère le magasin.

3. — Essai de construction d'une presse. — Le tabac, avons-nous dit, doit être pressé dans le moule, d'où la nécessité d'une presse. Dans le but d'épargner une dépense au petit propriétaire, nous lui donnons le dessin d'une presse que nous avons imaginée (fig. 14); nous engageons à la construire d'abord en petit à titre d'essai.

Elle est toute en bois et se compose de deux montants MM consolidés par des jambes de force FF qui reposent sur les soles ss. Les extrémités supérieures des montants sont réunies par un madrier épais P, portant en son axe un trou destiné à laisser passer une tige taraudée T qui repose sur le plateau R devant presser le tabac.

Cette tige et le madrier, on le comprend, devront être en bois dur, cœur baril, bois d'Inde cœur vert ou balata, afin d'obtenir un serrage énergique sans trop d'usure. Quant au plateau, il devra pouvoir glisser entre les parois du moule avec un jeu de quelques millimètres de chaque

côté. Dans le but de l'empêcher de se recourber
et de répartir la pression uniformément on pourra

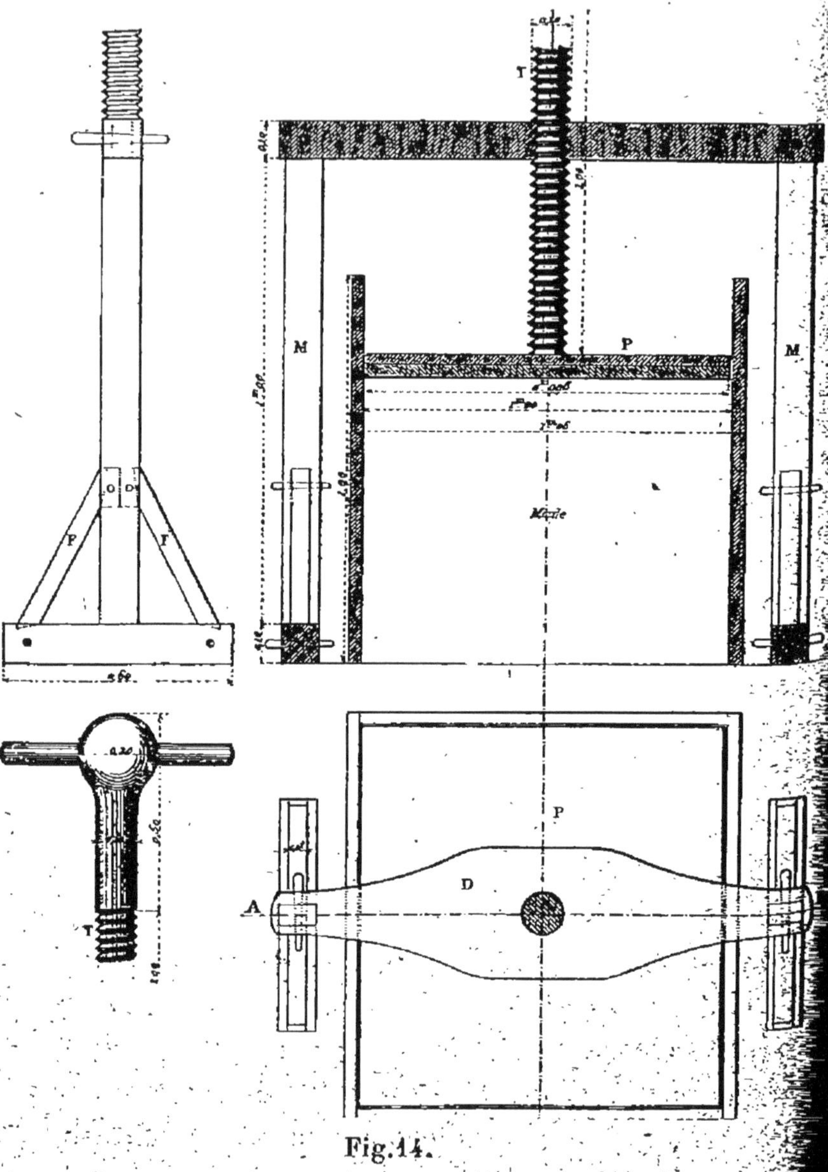

Fig. 14.

le former de planches superposées rendues solidaires et disposer en croisillon sur le dessus, deux planchettes d'environ 0m15 de largeur et d'une épaisseur de 3 à 4 centimètres (fig. 15).

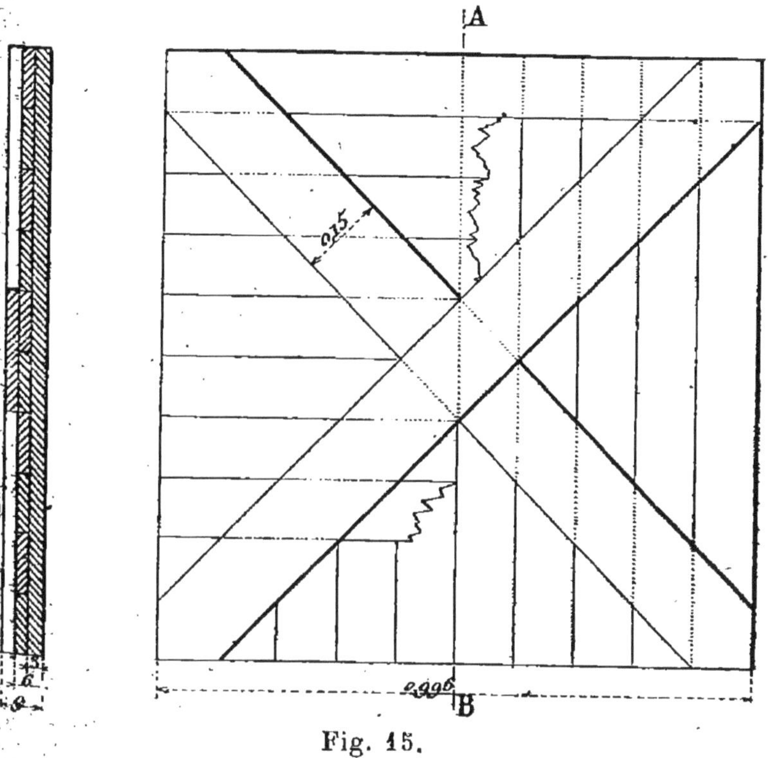

Fig. 15.

Remarque I. — Cette presse peut être démontée et transportée par fractions. Il suffit de repousser les chevilles. Cette disposition permettra à plusieurs propriétaires, même éloignés, de la construire à frais communs.

Remarque II. — Il y a dans nos campagnes beaucoup de petites propriétés éloignées de la grande route et desservies par des sentiers étroits, inaccessibles aux charrettes. Dans ces localités on fera les balles moins grosses afin de pouvoir en effectuer le transport à tête d'homme ou en civière jusqu'au chemin.

4. — Construction du séchoir. — Ici, dans les quelques localités où l'on ne plante que quelques ares à la fois, on ne peut construire un séchoir spécial, on se contente de suspendre le tabac à la cuisine, à l'écurie, à la case à farine et dans sa propre case. Cette dernière pratique est fort dangereuse en ce sens qu'elle nuit beaucoup à la santé. Mais le séchoir (fig. 16) est indispensable à celui qui a une plantation de quelque importance.

A la campagne, cette pièce est construite à peu de frais, car on peut la couvrir en paille de canne; la palissader également en paille et même en feuilles de cocotier, de palmier, de balisier, etc., du côté opposé au vent régnant; les poteaux peuvent être en culasses de bambou bien mûr et surtout en fougère. A notre avis, il faudrait rejeter les toitures en tôle et en aissantes à moins de lambrisser sous les chevrons. Les premières, trop bonnes conductrices de la chaleur, causeraient peut-être la dessiccation en vert, tandis que les dernières occasionneraient la moisissure.

Avant tout, il convient de s'occuper du choix de l'emplacement. La construction ne doit pas être élevée sur un terrain humide. On l'oriente de l'est à l'ouest et on l'entoure d'un petit fossé

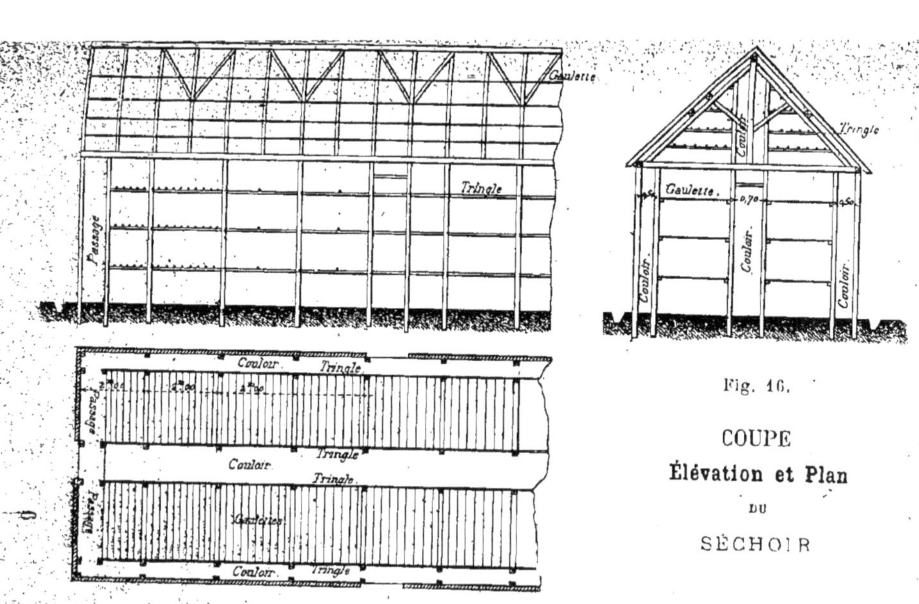

Fig. 16.

COUPE
Élévation et Plan
DU
SÉCHOIR

destiné à faciliter l'écoulement des eaux pluviales. Les poteaux devront être suffisamment élevés pour faciliter l'aération, 4 ou 5 mètres ne seraient pas trop ; la pente de la toiture sera aussi assez rapide.

Dans le sens de la longueur, on ménage au milieu un couloir de 1 m. à 70 centimètres allant d'une porte à l'autre et un autre de 0ᵐ70 à 0ᵐ50 le long de chacune des façades. De deux en deux mètres, le long de ces couloirs, on plante des poteaux s'élevant à la hauteur des sablières ; on y cloue *solidement*, dans le sens de la longueur du bâtiment, des tringles en bois pouvant supporter le poids d'un homme, alternant avec des lattes en bambou ou des roseaux et cela à une distance qui dépend de la longueur moyenne des feuilles, soit 50 centimètres, par exemple. Les dernières tringles du bas, au lieu d'être clouées, seront simplement posées sur de gros clous, des chevilles ou des pattes-fiches enfoncées dans les poteaux, car lors de la mise en bancs et de l'établissement de la masse elles devront être enlevées pour ne pas gêner. Les tringles seront destinées à supporter les extrémités des gaulettes chargées de feuilles lors de la dessiccation.

L'espace compris entre les sablières et le faîte devra être utilisé aussi ; seulement la disposition n'en sera pas la même. Il n'y aura que le couloir central. Les tringles seront clouées transversalement sur des poutrelles fixées en haut aux chevrons, en bas aux sommiers, les gaulettes seront donc disposées dans le sens de la longueur.

Au chapitre traitant de la dessiccation, il a été dit qu'on devra ouvrir ou fermer le séchoir selon l'état de l'atmosphère.

Dans ce but, on ménage des fenêtres rien que dans les façades tandis que chaque pignon est percé d'une porte seulement. Si le bâtiment est très long, on pourra établir deux autres portes à la place de deux fenêtres, ce qui permettrait aux aides de circuler avec plus de facilité. Il a été dit aussi que les feuilles ne devront pas se toucher; pour cela on fait en sorte que les pointes des feuilles de chaque étage tombent entre les gaulettes qui viennent au-dessous.

On emplit le séchoir en commençant aux endroits d'accès difficile et on termine du côté de la porte de sortie.

A l'aide d'une planche reposant sur les tringles un homme garnit la partie supérieure. C'est pour cette raison qu'il est recommandé de choisir de fortes tringles et de les clouer solidement; quant à celles que, par économie, on mettra en bambou et en roseaux, elles ne pourront pas servir de supports à la planche.

Remarque. — Les poteaux pourront être avantageusement de 4ᵐ30 à 4ᵐ50 afin qu'en mettant huit rangées, la dernière tringle du bas soit à 0^{m}80 ou 1^m du sol, autrement les extrémités des dernières feuilles traîneraient à terre et l'humidité du sol pourrait en occasionner la moisissure.

5. — **De la capacité du séchoir.** — On sait comment sera disposé le séchoir, mais de quelle grandeur sera-t-il pour loger une récolte donnée?

Ainsi, on a planté 60.000 pieds de tabac à 14 feuilles par pied sur une étendue de 1 hect. 29. 26 (1 carré ancienne mesure), on veut savoir la longueur du séchoir nécessaire à opérer la dessiccation. La réponse est facile.

Nombre de feuilles récoltées :

$14 \times 60.000 = 840.000$

Comme les tronçons de deux feuilles sont en moyenne séparés par un intervalle de 5 centimètres, que les tringles sont clouées à 0^{m}50 et que les gaulettes sont écartées de 10 centimètres, il en résulté qu'une feuille occupe un volume de :

$$\frac{0^m50 \times 0^m10 \times 0^m50}{2} = 0^{m3},001250.$$

et 840.000 feuilles un volume de :

$$0^{m3},001250 \times 840.000 = 1050^{m3}.$$

En adoptant les dimensions suivantes :

poteaux . . . . . 4 m. de hauteur
flèche . . . . . . 3 —
bâtiment . . . . 10 m. de largeur

on arrive à trouver pour la surface d'un pignon :

$$4 \times 10 = 40^{m2} + \frac{3 \times 10}{2} = 55^{m2}.$$

déduction faite des passages, il reste :

$$55^{m2} - 10 = 45^{m}.$$

Donc la longueur du séchoir sera de :

$$1050^{m3} : 45 = 23 \text{ mètres } 33.$$

Si l'on réfléchit que la récolte n'est pas opérée d'un coup, qu'au fur et à mesure de la dessiccation, on peut serrer le tabac et même procéder à la mise en bancs, on comprendra que cette longueur pourra être sensiblement réduite dans la pratique.

6. — **Du rendement.** — Le rendement est variable, il dépend du nombre de pieds plantés par hectare, du nombre de feuilles laissées à chaque pied, de la fertilité du sol, de l'engrais employé, de l'état du temps, etc.

Cependant on peut le déterminer approximativement par analogie avec les pays où la culture du tabac est libre. Ainsi, en Belgique, le rendement par hectare est au maximum de 5000 kilog. et au minimum de 3000, soit en moyenne de 3700 kilogr. (4782 kilogr. par carré).

7. — Du bénéfice de la culture du tabac. — La culture du tabac, a-t-il été dit, doit être pratiquée sur une plus petite étendue que la canne à sucre, cependant on commettrait une erreur de croire qu'il ne pourrait lui être consacré avantageusement plusieurs dizaines d'hectares. Mais il serait prudent, au début, de ne planter que quelques milliers de pieds pour bien se familiariser avec les procédés de culture et les différentes manipulations. L'expérience aidant, l'on pourrait au fur et à mesure étendre ses plantations sans inconvénient. Cela dit, établissons un compte de culture pour un carré (1 h. 29.26).

DÉPENSES

	1re COUPE	2e COUPE
Loyer de la terre	80 fr.	»
1er labour	60	»
2e labour superficiel . . .	30	»
Hersages et roulage . . .	40	»
Fumier de parc et engrais chimique	300	50
Plants (60,000 à 2 fr. 50 le millier)	150	»
Repiquage et arrosage. . .	60	».
Façons à la houe (2 à 3) . .	120	40 (pour une façon)
A reporter. . .	840	90

Report. . . .	840	90
Epamprement et buttage . .	60	30 (réfection des buttes)
Écimage et ébourgeonnements	50	50
Récolte des feuilles, transport au séchoir	50	30
Séchage et triage	30	20
Manoquage et emballage sous toiles	120	40
Dépenses imprévues . . .	100	50
	1250	310

PRODUIT

4.782^k de 1re coupe à 1 fr. le kilog. (1) .	4.782 fr.	»
1.594^k de rejeton (1/3 du rendement de la 1re coupe) à 0 fr. 50.	797	»
Total.	5.579 fr.	»

BALANCE

Produit	5.579 fr.	»
Dépenses (1250 fr. + 310 fr.)	1.560	»
Bénéfice	4,019 fr.	»

(1) Prix auxquels la Régie achète le tabac de France : 1re classe de 145 fr. à 130 fr. les 100 k. — 2e classe de 112 fr. à 110 fr. — 3e classe de 90 à 80 fr. — Tabac non marchand de 70 à 10 fr. — Prix payés par la France en Hollande, en Syrie, en Algérie, 572 fr. les 100 kilog. ; à Java, à Porto-Rico, au Brésil 331 fr. — Prix de vente à la Martinique d'après la mercuriale : en feuilles 140 fr. les 100 kil.; en fil 400 fr., en cigares 900 fr. !!

Soit donc un bénéfice de 4,000 francs au carré.

Pour éviter tout mécompte, comptons le tiers du bénéfice pour construction de séchoir (1) et transport du produit sur un marché quelconque (2), il reste encore plus de 2600 fr. par carré ! ou 1760 fr. environ par hectare !

Au petit propriétaire ne disposant pas de gros capitaux, les dépenses paraîtront certainement élevées. Il n'en est rien. En effet, les avances de fonds se réduisent à peu de chose si l'on considère : 1° que le loyer, quand on loue, se paye à la fin de l'année, c'est-à-dire au moment où l'on a réalisé le prix de la récolte ; 2° que le fumier de parc, base de toute exploitation agricole, est fourni par les animaux se trouvant sur la propriété ; 3° que les différents labours, hersages, roulage et façons diverses peuvent être donnés par le planteur lui-même, le plus généralement à la houe, à moins qu'il ne s'agisse d'une culture assez étendue ; 4° que les plants sont fournis par la pépinière ; 5° qu'enfin toutes les opérations faciles et n'exigeant pas beaucoup de force, comme l'écimage, l'ébourgeonnement, le manoquage, etc.

(1) Prix du séchoir simplifié tel qu'il a été décrit, de 250 fr. à 350 fr.

(2) Prix du frêt pour 1000 kilogr., de la Martinique à Marseille, à Bordeaux, à Nantes, au Havre : 50 fr. (*Moniteur officiel de la Martinique* du 30 octobre 1896).

peuvent et doivent être faites par les gens mêmes de la maison, domestiques, femmes, enfants.

La culture du tabac ainsi entendue laissera toujours au petit propriétaire de beaux bénéfices, supérieurs à ceux que laissent et la canne et la plupart des cultures secondaires.

RÉSUMÉ DU CHAPITRE IV

1. — L'emballage en boucauts n'est pas trop à recommander parce qu'il est encombrant et coûteux.

2. — Le moule pour emballage sous toile consiste en une simple caisse sans fond dont les côtés peuvent s'enlever, son volume est généralement d'un mètre cube. C'est ce genre qui est adopté en France par les magasins de l'Etat et qui est recommandé par la Régie à ses fournisseurs.

3. — Comme il faut presser le tabac dans le moule on peut établir un système quelconque de pressage au lieu d'acheter une presse perfectionnée dont le prix n'est pas à la portée de toutes les bourses.

4. — On doit calculer à l'avance la capacité de son séchoir, étant donnée la récolte à loger. On évitera ainsi beaucoup de mécomptes.

5. — Le rendement est très variable. En Belgique, où la culture du tabac est libre comme ici, il est en moyenne de 3700 kilogrammes par hectare, c'est-à-dire de 4782 kilogr. par carré (1 h. 29. 26).

6. — La culture du tabac est généralement très rémunératrice. On ne doit pas hésiter à l'entreprendre ici où le bénéfice net peut être de plus de 2600 fr. par carré !

TABLE DES MATIÈRES

DIJON. — IMPRIMERIE DARANTIERE